爱上自然课
AISHANG ZIRANKE

雨林植物
YULIN ZHIWU

知识达人 编著

U0207461

成都地图出版社

图书在版编目（CIP）数据

雨林植物 / 知识达人编著 . — 成都 : 成都地图出版社 , 2017.1（2021.7 重印）
（爱上自然课）
ISBN 978-7-5557-0260-3

Ⅰ . ①雨… Ⅱ . ①知… Ⅲ . ①雨林—青少年读物
Ⅳ . ① S718.54-49

中国版本图书馆 CIP 数据核字 (2016) 第 079963 号

爱上自然课——雨林植物

责任编辑：游世龙
封面设计：纸上魔方

出版发行：成都地图出版社
地　　址：成都市龙泉驿区建设路 2 号
邮政编码：610100
电　　话：028 - 84884826（营销部）
传　　真：028 - 84884820
印　　刷：唐山富达印务有限公司
（如发现印装质量问题，影响阅读，请与印刷厂商联系调换）

开　　本：710mm×1000mm　1/16
印　　张：8　　　　　　　　字　　数：160 千字
版　　次：2017 年 1 月第 1 版　　印　　次：2021 年 7 月第 4 次印刷
书　　号：ISBN 978-7-5557-0260-3
定　　价：38.00 元

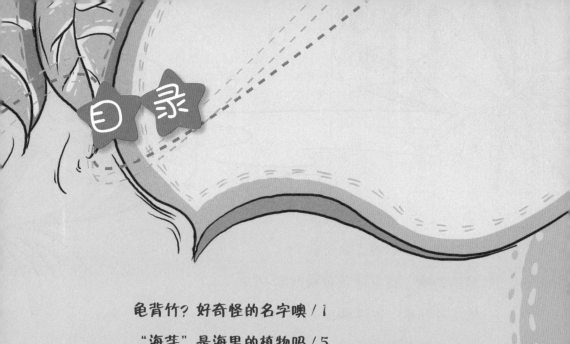

目 录

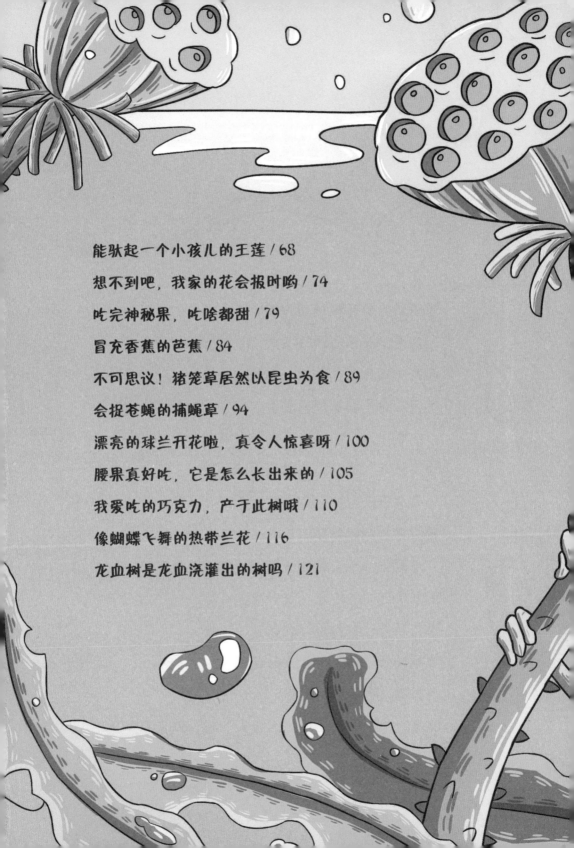

龟背竹？
好奇怪的名字噢

《龟兔赛跑》的故事你们一定看过吧？提起那只小乌龟，你们首先会想到什么呢？除了缓慢的行动，就是滑稽的长相吧！在众多的观赏植物中，有一种花听名字就和乌龟有关系，你们知道是哪一种吗？答案就是龟背竹。

龟背竹是我们日常生活当中比较常见的一种植物，它的茎又粗又壮，而且和我们常见的竹子一样有很多的"节"，如果不仔细观察，还以为是一条绿油油的大蟒蛇耸立着呢！不过龟背竹可不是竹子的一

种哦，它属于常绿藤本植物。

　　龟背竹的叶子长得非常有特点，它小时候的叶子是心形的，长大后叶子就变成了羽毛的形状，而且周围有明显的裂痕。不仅如此，叶子的中间还有很多洞呢！正是因为叶子的形态像极了乌龟的壳，所以它才有了"龟背竹"这个名字。可以想象一下，一棵棵植物上爬满了"缩头小乌龟"，是不是很有趣呢?

　　很多人都认为龟背竹不会开花，这种想法可不对哦！它

们也是会开花的呢！家中养过这种植物的同学，肯定对此非常熟悉。没错，龟背竹在每年的11月份都会开出淡黄色的花朵，而且它还会结果子呢，果实是可以食用的哦！

除了观赏性，龟背竹对空气的净化也有着一定的作用。它们可以吸收二氧化碳，因此，龟背竹是少数可以养在卧室中的植物呢！看见了吧，龟背竹的用途可是非常广泛的哦。

龟背竹有很多种类，比较常见的有迷你龟背竹和多孔龟背竹。

　　顾名思义，迷你龟背竹长得十分娇小可爱，而多孔龟背竹的个头就有些大了。当然，龟背竹的种类远远不止这些，如果同学们想要养一个小盆栽的话，那么就非迷你龟背竹莫属了。

　　不过，龟背竹可不是很好养。它们喜欢生活在温暖湿润的环境中，惧怕强光和干旱。如果温度低于5℃，龟背竹就会被冻伤了！所以，通常情况下，野生的龟背竹会选择附生的生存方式，也就是附着在别的物体上生长。

　　怎么样，同学们，龟背竹是不是很可爱呢？如果你的家里没有什么植物的话，就赶紧养上一盆龟背竹吧！

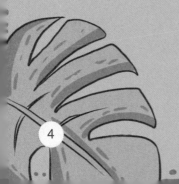

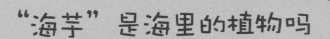

"海芋" 是海里的植物吗

在一首歌中有着这样一句歌词："在百花齐放的季节里，你清新脱俗的有股诗意；你在天南星，高雅亮洁的好美丽。"这句歌词描写的就是一种叫作海芋的植物。听到这个名字，同学们是不是自动就在脑海里将它和海带、海白菜一类的水生植物挂上钩了呢？要是那样的话，你就大错特错了哦！海芋可不是一种水生植物呢，现在就让我们来好好地认识一下它吧！

海芋挺拔强壮，它的根状茎匍匐生长，看上去就像是趴在地上时刻勘探敌情的军人。它的叶子非常多，密密麻麻的呈螺旋状排列生长，并且叶子很长，有半米左右呢！

　　对于生长环境的海拔高度，海芋并没有特殊的要求，无论是200米的低地还是1100米的高地，它都能生长。不过总的说起来，养一株海芋还真是不容易呢！

　　同学们如果打算养一盆海芋，首先要注意的一点就是要在土壤当中掺杂一些腐烂的树叶，它们可以帮助海芋更好地生长哦！

　　另外，家中有海芋的同学仔细观察一下就会发现，爸爸

妈妈总是喜欢给海芋浇水或是喷水，这是怎么回事呢？原来啊，海芋非常喜欢湿润，所以爸爸妈妈是在帮助它创造湿润的环境呢。

　　既然海芋那么喜欢湿润，为什么不干脆把它扔进水里去呢？这个办法的确是可行的。反正现在已经有了很多种植物营养液，的确可以利用水来培植海芋哟！这样，它是不是跟"海洋生物"也沾点儿边了呢？可见，海芋就是个两栖植

物，既能生活在土里，又能生活在水里，还真有点神通广大吧？

海芋的名字也不少，观音莲、天荷、野芋、羞天草等都是它的名字。当它起不同作用的时候，名字也会发生相应的变化，比如叫作狼毒、滴水观音或者马蹄莲等。你们知道海芋都有哪些作用吗？

要想知道海芋除了观赏性外还有什么能耐，这就要问中医了，因为海芋还是一味药材呢。它能够起到消肿和清热解毒的作

滴水观音叶子发黄的原因

不知道你有没有发现，滴水观音的叶子很容易发黄，这是为什么呢？具体来说，原因有两个方面。一方面，滴水观音不喜欢强光，如果在太阳底下放久了，它就会因为被灼伤而发黄。另一方面，它又离不开阳光。所有的植物都需要进行光合作用，接触不到阳光，滴水观音的叶绿素数量就会减少，自然也就发黄啦！所以，适当地给它一些阳光，再偶尔施施肥，就能让滴水观音一直绿油油的了！

用，对于感冒、蚊虫叮咬和肺结核等病症也有着一定的功效。

不过，同学们可不要因为海芋有药用价值就去随便品尝啊，它可是有毒的哦！尤其是新鲜的海芋，它的茎、叶里面的汁都是有毒的。一旦接触到就会对我们的皮肤产生强烈的刺激，入眼更有可能导致失明，倘若误食了它，我们的舌头会麻木肿胀，严重的时候甚至还会有生命危险呢！

桑寄生本无家，
桑树上来安家

　　说起桑树，你一定不陌生吧？因为桑树上结出的果子正是我们最喜爱的水果之一——香甜可口的桑葚。不仅如此，桑树的叶子还是蚕宝宝们的美食呢！不过桑树的用处可不仅如此哦，它还是另外一种植物的家呢！这种植物就是桑寄生。

听名字也知道桑寄生对于桑树是多么依赖了。桑寄生是一种常绿小灌木植物，通常情况下，我们所说的桑寄生指的是它带着叶子的茎和枝。桑寄生的树枝在不同的年龄段会呈现出不同的样子，小时候它的枝上面长有灰色的短绒毛，而老了就会"脱发"，变得光秃秃的。

　　它们的叶子是椭圆形的，相对交错着生长，小时候还披着一层细细的绒毛。桑寄生每年夏末开花，秋初结果。瞧，桑寄生很遵循自然法则吧！桑寄生的花是紫红色的，果子则是椭圆形的。

虽然名字叫作桑寄生，但事实上，除了桑树，桑寄生也会在其他树上安家哦，比如槐树、榆树等。桑寄生啊，你怎么就像个寄生虫呢？不劳而获可是不对的哦！

虽然桑寄生要依靠别的树才能生长，但是同学们千万不要以为它只是个一无是处的"寄生虫"哦，它可是有很高的药用价值呢！从资料文献来看，它入药的最早记录是在《神农本草经》当中，当时它就已经被列为上品药材了。那么，桑寄生的药用价值是怎样被发现的呢？关于这点还有一个小故事呢。

传说古时候有一个财主，虽然家财万贯，但是他仍旧觉得自己不幸福，因为他的儿子得了难

以治疗的风湿病。为了给儿子看病，他寻遍了大江南北，但都没找到一个能根治他儿子病症的法子。一年冬天，他儿子的风湿病又发作了，他家的仆人在大雪封山的时候被派去请大夫。没走多远，仆人就累了。在休息的时候，他看见了一棵桑树。他偶然发现，桑树上面缠绕着的一些枝条和大夫开的药很像。

桑寄生

　　于是仆人就采了一些枝条回去应付差事，可没想到，这些其貌不扬的枝条竟然真的发挥了作用，没多久，财主儿子的身体居然好起来了！从此，这种枝条就被正式列入了药材的行列。

　　不过这也只是个传说，它的真假我们已经无从考证了。虽然桑寄生入药的起源我们搞不清楚，但它有药用价值可是事实。桑寄生能够治疗冠心病、心绞痛以及心律失常，对于降血压也有着一定的作用呢！

　　可见，虽然依靠桑树生长，但是桑寄生的作用却是独立的。怎么样，是不是很神奇呢？

不开花也不结果的凤尾蕨

凤尾蕨，光听名字是不是很容易和凤尾蝶弄混呢？你可千万要搞清楚啊，凤尾蝶是动物，凤尾蕨却是植物呢！其实它还有很多其他的名字，比如铁脚鸡、凤凰草等等。

凤尾蕨是一种多年生的蕨类植物，个子小小的，通常只有半米高，就算身材娇小的同学也可以俯视它们哟！不过，你可千万不要认为它们个子矮就好欺负，因为它们长有很强壮的根，甚至比你们的手臂还要粗上许多呢！

凤尾蕨的茎比较短，不过这并不影响它直立向上生长。它的叶子和大部分植物不太相同，并非是对着交错生长的，而是成簇地生长，这让它看上去枝繁叶茂，就像是一个大鸟窝。而且凤尾蕨的叶子有两种形态，这既不是变戏法，也不是杂交的结果，而是纯天然的哦！一片片的叶子就像是凤凰尾巴上的羽毛，看上去十分霸气。

　　每一种植物都有其自身的特点，凤尾蕨也不例外呢！因为是蕨类植物，所以它必须要依靠孢子进行繁殖。可惜的是，它繁殖后就不会开花结果了。

　　凤尾蕨和其他蕨类植物一样，喜欢生长在阴湿的环境，而且比较耐寒，不过它耐寒也是有极限的，如果低于-10℃它就会干枯了。而且，虽然凤尾蕨喜欢湿润的环境，但它却不耐涝，而是耐旱。基于这个标准，它比较适合生长在肥沃而且排水良好的钙质土壤当中。

　　凤尾蕨这种植物最早出现在我国和日本，后来才流传到世界的其他地区。凤尾蕨在我国的很多地方都有分布，在山谷

的石缝中或是灌木林边缘的阴湿处，我们都可以找到它们。

每年在凤尾蕨生长最茂盛的季节，人们都会漫山遍野地寻找

它们的身影。你知道人们找它们是要做什么吗？

　　答案很简单，当然是带它们回家种植啦，因为凤尾蕨可

是很适合盆栽的一种植物。作为盆栽，它既可以被做成悬挂

式的点缀，放在客厅或书房中，也可以被做成普通的盆栽放
到书桌或窗台上。除了做盆栽，凤尾蕨还能用于园林当中的
点缀，比如种植在假山旁或池塘边，都很漂亮哦！

　　说完了凤尾蕨的观赏作用，再来说说它的药用价值吧。
凤尾蕨本身就是一种药材，它能够凉血解毒、止泻、清热利
湿，如果我们拉肚子的话，求助于它就对了。

　　你看，虽然凤尾蕨不会开花也不会结果，但它还是一种
很有作用的植物吧！

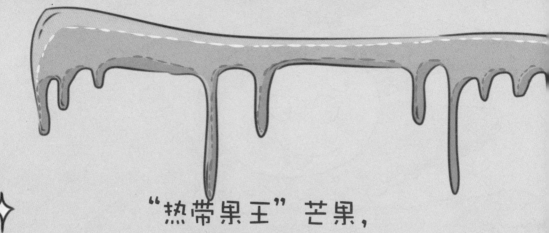

"热带果王"芒果，
吃的就是健康

芒果是我们生活中最常见的水果之一，有着"热带果王"之称，大家都非常喜欢吃。可是，你见过芒果树吗？

芒果树是常绿大乔木，它的树叶通常是长圆形或长披针形的，一片片地聚集在树枝的顶端，表面十分油亮，就像擦了鞋油的皮鞋似的。每到开花的季节，芒果树的花朵便会在枝头绽放。它的花序为圆锥状，花朵很小，与果实的颜色一

样，都是黄色的。等芒果花凋谢后，好吃的芒果就长出来喽。

芒果树是一种热带果树，它最喜欢温暖湿润的气候了，所以芒果树喜阳不喜阴，更是耐不住严寒。芒果树一般在20℃到30℃之间的平均气温下生长良好，一旦气温降到18℃以下，芒果树就会生长缓慢，10℃以下则会停止生长。另外，芒果树对土壤的要求也是相当严格。它最喜欢土层深厚、地下水位低、有机质丰富、排水设施良好、质地疏松的沙质土壤。

芒果的种类有很多，它们大小不一，形状就像是一

枚枚被压扁了的蛋。成熟后的芒果呈金黄色。吃过芒果的同学一定记得，它的果肉内还有一枚扁扁的果核。这就是芒果的种子。

芒果有着悠久的历史！据说在4000多年前，印度人就发现并开始栽培芒果了。那么，芒果又是怎样传到中国来的呢？这里有一个传说。

据说，一个虔诚的信徒将自己的芒果园献给了佛祖释迦牟尼，让他在树荫下休息。渐渐地，教徒们便认为芒果树是神圣的。印度教徒还把它的花朵定义为爱神卡马德瓦的五支箭，芒果也成了供奉女神萨拉斯瓦蒂的贡品。直到今天，在印度的一些佛教和印度教的寺院内，我们还能看到芒果的图案。唐朝时，我国的高僧玄奘法师前往印度求学，他在当地的寺院内看见了成片的芒果林，品尝芒果简直是一顿美餐。于是，玄奘法师便把芒果树带回了家乡，我国就从那时开始广泛种植芒果。如今在我国南方的很多地区，都有芒果树的身影哦！

人们常说：吃芒果就等于吃健康。这句话是什么意思呢？芒果都有哪些营养，它对人体又有哪些好处呢？

芒果果肉多汁，鲜美可口，它的味道集合了桃子、杏子、李子和苹果等多种水果的滋味，十分香甜。在盛夏的时候吃上几个芒果，既能生津止渴，还有消暑宁神的功效。芒果的

果实中还含有丰富的糖、蛋白质以及多种维生素和脂肪，能够补充人体缺少的各种营养。此外，芒果的种子还可以作为杀虫剂和收敛剂使用哦！

看到这里，你的口水是不是已经下来了呢？那就赶快让爸爸妈妈给你买上几个芒果尝尝吧！

如何挑选芒果

在购买芒果时，首先要看皮质和颜色，皮质细腻、颜色较深的芒果就是新鲜且熟透的。千万不要选颜色发绿的芒果哦，因为它们还没有成熟呢！另外，芒果放置久了，它的皮上就会出现褶皱，这可不意味着它们不新鲜了哦，恰恰相反，这样的芒果才是最甜的。这是因为，芒果放置久了，里面的水分就会蒸发，只剩下糖分留在果肉内，你们说能不甜吗？

斑马竹芋，
你是斑马的表亲吗

我们看电视的时候，总能够看到热带草原上奔跑着醒目的斑马。它们长得可真特别呀，其他动物可都没有那些黑白相间的条纹呢！就连我们最常见的人行横道也叫作"斑马线"，可见斑马的特点有多么出众了。那斑马竹芋跟斑马有什么关系呢？它俩是不是亲戚呀？

同学们千万不要犯迷糊哦，要论起亲戚关系，那它们可远了！因为它们俩压根儿就不在一类物种中，斑马是动物，而斑马竹芋则是植物。那它们除了名字之外还有什么别的联

系吗？相信同学们一定猜到了吧，没错，斑马竹芋之所以得到这个名字，正是因为它的叶子和斑马一样，也长着一道一道的斑纹，十分均匀好看。

斑马竹芋也叫绒叶竹芋、天鹅绒竹芋。它有地下茎，叶子是从根处向上伸展的。它们的个头也不高，有半米左右，相当于幼年斑马的身高！但是斑马竹芋的叶子很长，甚至比植株还要长哦。斑马竹芋最特别的就是它的叶子了！它的叶子是椭圆形的，光泽度很高，一般为深绿色，偶尔也有一些夹带着紫色。奇特的是每片叶子上都长着浅绿色的斑纹！另外，斑马竹芋还能开出紫色的花朵，非常漂亮。所以，斑马竹芋还是一种比较受欢迎的观赏植物哦！

同学们知道斑马竹芋的"老家"在哪儿吗？它的生长环境又是怎样的呢？

其实，斑马竹芋原产于巴西。从它的产地，我们就能够推断出它一定是喜欢温暖而潮湿的生长环境。另外，斑马竹芋还是个不喜欢晒太阳的小家伙呢，它最讨厌阳光对着它直射了，只喜欢待在半阴的地方。同学们没想到吧，斑马竹芋还是种喜欢乘凉的植物呢！

斑马竹芋作为一种外来物种，最开始我国只在植物园中种植。随着时代的进步和发展，现如今很多公共场所都不乏它们的身影了。

同学们也可以买一盆斑马竹芋的盆栽养在家里哦！不过斑马竹芋可是很娇气的。不但不能让它一直在阳台上晒太阳，还要经常给它喷水，避免它"渴死"。但是浇水也不能过多，否则它的根会腐烂哦！另外，最适合斑马竹芋生长的

温度在25℃左右，所以天冷时同学还要注意帮它保温哦！满足了以上条件，斑马竹芋就能够健康成长啦！

这么娇滴滴的斑马竹芋，怎么就不能像野外的斑马一样有着顽强的生命力呢？真是奇怪呀！

望天树真能望到天耶

篮球"小巨人"姚明，同学们都认识吧？你们的身高可能只及他的腰部哦！树木王国里也有一个"巨人"，它的名字叫作望天树。著名诗人杜甫的诗句"会当凌绝顶，一览众山小"真像是为望天树量身打造的。因为在它面前，一切树木都显得那么渺小了！

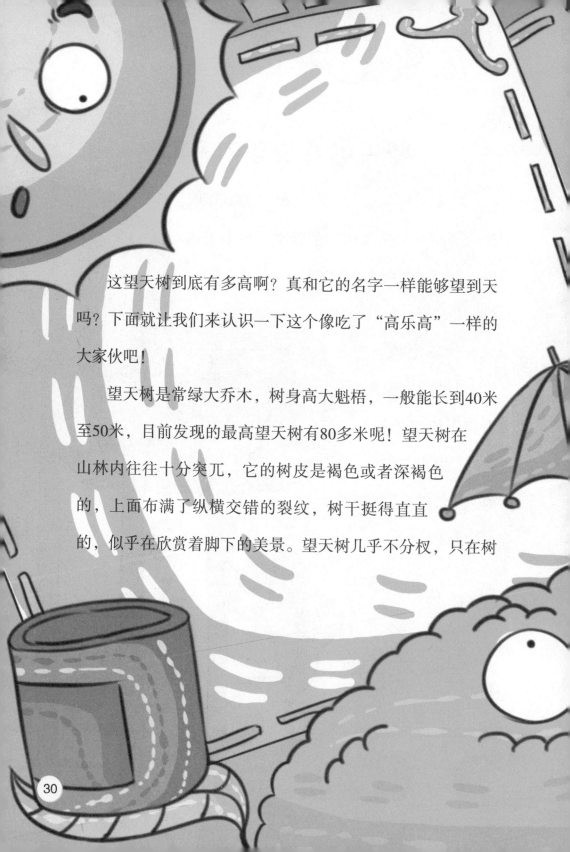

　　这望天树到底有多高啊？真和它的名字一样能够望到天吗？下面就让我们来认识一下这个像吃了"高乐高"一样的大家伙吧！

　　望天树是常绿大乔木，树身高大魁梧，一般能长到40米至50米，目前发现的最高望天树有80多米呢！望天树在山林内往往十分突兀，它的树皮是褐色或者深褐色的，上面布满了纵横交错的裂纹，树干挺得直直的，似乎在欣赏着脚下的美景。望天树几乎不分杈，只在树

顶才长出几支稀稀疏疏的树杈来，上面长满了枝叶。叶子以对生的方式长在小枝上，叶面像皮鞋一样油亮。

望天树的花是黄白色的，有5片花瓣，通常长在枝头上；果子是卵状的椭圆形坚果，外面有一层白色的毛；枝叶总是一丛丛地聚在一起，看上去就像是撑着一把巨大的伞，因此也叫作"伞把树"。

望天树是我国一级保护植物，它甚至比其他一级保护植物还要珍贵许多。这是什么原因呢？

原来，望天树属于龙脑香科植物，能够提取出珍贵的精油，而且还是热带雨林植物的代表呢！过去，外国学者们总是一口咬定中国没有龙脑香科植物，也没有热带雨林。望天树的发现彻底推翻了外国学者的结论，并有力地证实了热带雨林在我国的存在。另外，望天树被发现的过程也很离奇呢！

1974年，西双版纳勐腊县林业局发现了一种身形巨大的树种，植物学家们根据线索前往当地进行考察，最终在茂密的森林沟谷旁边发现了它们的身影。当时，这些树成

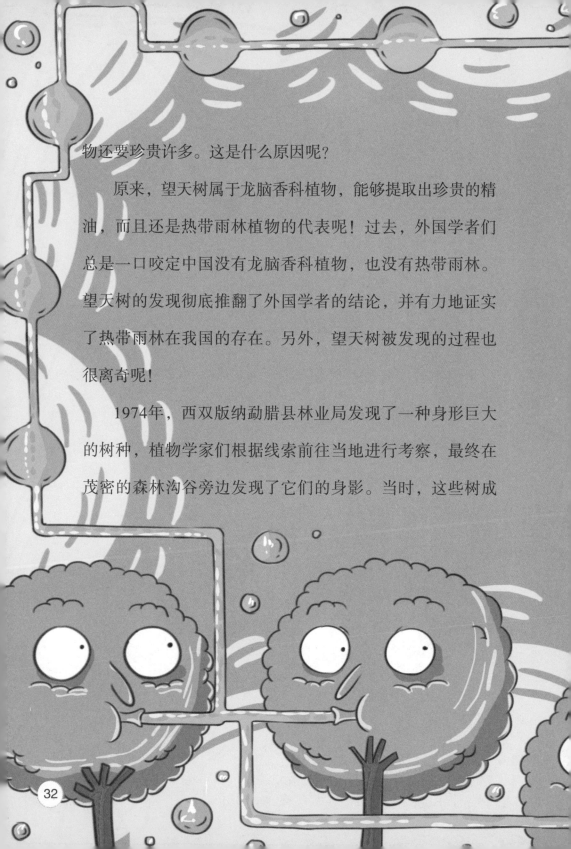

片地分布着，一棵比一棵高，就像是聚在一块儿比身高似的。它们的占地面积也很小，一亩地就能够耸立10多棵！植物学家们根据这些树木的叶子、花朵、果实的结构以及形态，最终做出了它们属于龙脑香料新品种的结论，还给它们起了一个既生动形象又十分贴切的名字——望天树，意思就是"仰头看天才能看到树顶"。

从此以后，我国的植物目录中就又多了一个名称，也就是"望天树"。

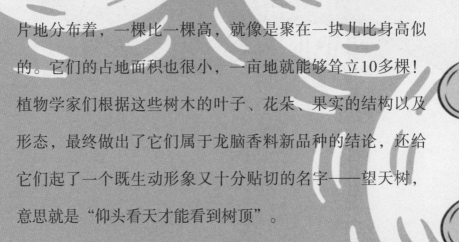

望天树的"孪生兄弟"

人有相似，树木自然也有雷同啦！望天树有一个极为亲切的"孪生兄弟"，名字叫作"擎天树"。20世纪70年代，擎天树在我国的广西地区被发现。它们长得异常高大，一般都有60多米高。擎天树的木料既坚硬又耐腐蚀，切开后树木条理美观，因此具有很高的经济价值和科研价值。

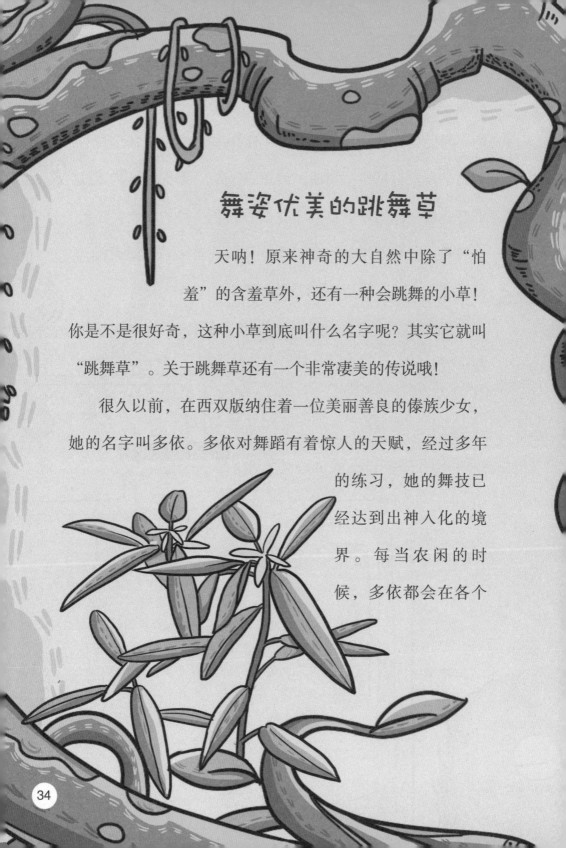

舞姿优美的跳舞草

天呐！原来神奇的大自然中除了"怕羞"的含羞草外，还有一种会跳舞的小草！

你是不是很好奇，这种小草到底叫什么名字呢？其实它就叫"跳舞草"。关于跳舞草还有一个非常凄美的传说哦！

很久以前，在西双版纳住着一位美丽善良的傣族少女，她的名字叫多依。多依对舞蹈有着惊人的天赋，经过多年的练习，她的舞技已经达到出神入化的境界。每当农闲的时候，多依都会在各个村寨中为贫苦的百姓们表演舞蹈。多依的舞姿很优美，翩翩起舞的她好似在泉边饮水嬉戏的金孔雀，又像是展翅飞翔的仙鹤，凡是看过她跳舞的人，都会沉醉其中，仿佛所有的忧愁和痛苦都离自己远去了。

日子久了，多依的名声越来越大，很多人都千里迢迢地跑来看她跳舞。后来，一个可恶的大土司带领恶仆将多依抢了回去，要求多依每天只为他一个人跳舞。多依的世界顿时变得天昏地暗，她誓死不从，大土司就把她关了起来。她趁看守不注意，一头跳进澜沧江，活活淹死了。

后来，老百姓们自发组织起来，把多依的尸体从澜沧江里打捞了上来，还为她举行了隆重的葬礼。不

久，人们发现，多依的坟头上长出了一种小草，每当音乐响起，小草就会随着节奏跳起舞来。人们视它为多依的化身，并为它取名"跳舞草"。

同学们是不是觉得这个大土司太可恶了，而我们的多依又是那么的可怜。多依死后化身的跳舞草究竟是一种怎样的植物，你想了解吗？

跳舞草有很多别名，又叫作情人草、无风自动草、多情草、风流草、求偶草等。它属于豆科，是一种多年生的木本植物。不同生活环境下的跳舞草，高度也是不一样的哦！盆栽中的跳舞草只能长到70～100厘米，而地面栽种的跳舞草则能

长到1～2米哦！

跳舞草的叶子是绿色的，形状是长长的椭圆形，看上去就像是合在一起的嘴唇，叶面上没有毛，摸起来很光滑。它的花序是圆锥形的，长在植株的顶端，花苞则是卵状的。跳舞草的花冠是紫红色的，花朵盛开后十分美艳。

每当夜深人静的时候，同学们都要睡觉了，这时跳舞草也会进入"睡眠"状态。令人诧异的是，睡着的跳舞草，其小叶子仍是徐徐转动的！到了清晨，叶子转动的幅度会更大！难道跳舞草真的会"跳舞"吗？

其实，同学们观察后就会发现，所谓的"跳舞"只是跳舞草的一对小侧叶在进行明显的转动或是上下摇摆。在同一株跳舞草上，小叶的运动有快有慢，不过很有看头。它们的动作就像是蝴蝶正在轻轻地扇动着翅膀，此起彼落，十分美丽。这种运动现象在整个植物界中都是十分罕见的！跳舞草因何而舞，目前仍是个谜，同学们长大后可以自己去研究和探索哦！

"老虎须"不会是老虎的胡须吧

说起老虎，它那张牙舞爪的形象可真是吓人呀！如果让同学们去老虎的嘴巴上拔胡须，大家一定会摇头说不敢。那么，如果老虎的胡须长在植物的身上，你们还怕吗？说到这儿，有的同学一定会好奇地问，大自然中真有这种植物存在吗？当然有喽，它的名字就叫作"老虎须"。

老虎须，又叫蝙蝠花、魔鬼花，正规的学名叫箭根薯。它们生长在热带雨林中，是一种多年生的草本植物。这种植物最奇怪的地方是在它的花瓣基部长有数十条紫褐色的细丝，看起来就像老虎的胡须一样。而且，它整朵花看上去也与老虎的脸很是相似呢！另外，老虎须的花朵是黑色的，仿佛是特意为黑夜而生的。在热带雨林中，突然看到这种植物，还真以为是一只黑色的老虎埋伏在树丛中呢！小动物常常被它们吓得一惊一乍的。

老虎须是一种珍稀植物，目前主要生长在我国的华南和西南，新加坡、马来西亚、印度、泰国等国家也有少量分布。因为老虎须的花和叶子都具有观赏性，所以一些园林常将它用于庭院的绿化布置，或是种在道旁和池畔。它们冷艳的形貌常常引得许多人驻足观赏，对它们赞不绝口呢！

老虎须喜欢湿润且半阴的生长环境，它们对土壤并没有特殊的要求，只要气候合适，它们就能欢乐地生长。同学们想要在雨林中找到它们，就去低矮的山谷或是密林的溪边试试运气吧！

栽种老虎须也十分简单，因为它的抵抗力非常强，所以几乎不生病。另外，普

通的害虫也不敢轻易找它麻烦，谁让它长得像老虎呢！

同学们可别觉得老虎须是植物就好欺负，它的危险性可不亚于老虎哟！家里种植了老虎须的同学们可千万记得不要误食呀！因为老虎须的全身都是有毒的。一旦中毒，腹泻和呕吐都是最轻的症状，不及时治疗还会造成肠黏膜脱落，引发大量出血。

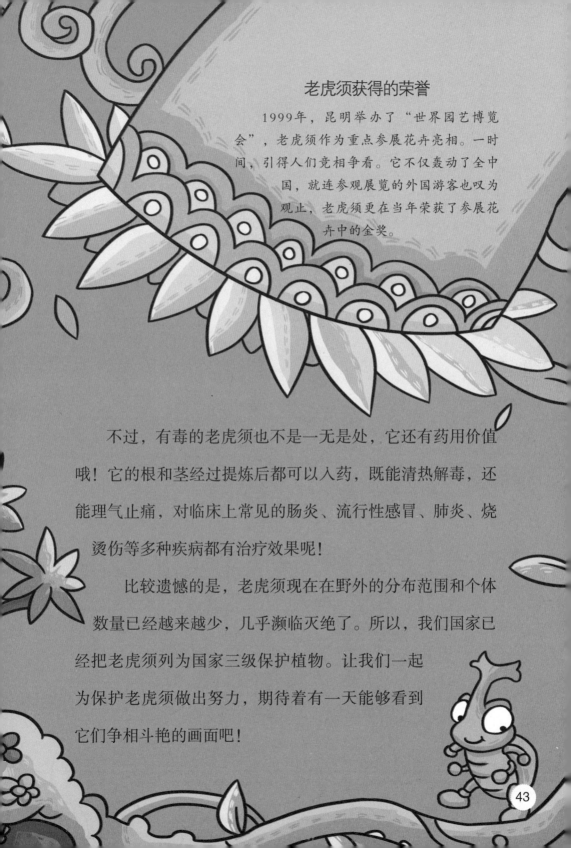

老虎须获得的荣誉

1999年，昆明举办了"世界园艺博览会"，老虎须作为重点参展花卉亮相。一时间，引得人们竞相争看。它不仅轰动了全中国，就连参观展览的外国游客也叹为观止，老虎须更在当年荣获了参展花卉中的金奖。

不过，有毒的老虎须也不是一无是处，它还有药用价值哦！它的根和茎经过提炼后都可以入药，既能清热解毒，还能理气止痛，对临床上常见的肠炎、流行性感冒、肺炎、烧烫伤等多种疾病都有治疗效果呢！

比较遗憾的是，老虎须现在在野外的分布范围和个体数量已经越来越少，几乎濒临灭绝了。所以，我们国家已经把老虎须列为国家三级保护植物。让我们一起为保护老虎须做出努力，期待着有一天能够看到它们争相斗艳的画面吧！

春节快到呀，炮仗花都开啦

　　每到过年的时候，同学们最兴奋的事情就是放炮仗和欣赏五颜六色的烟花了。它们既漂亮又喜庆，真是太讨人喜欢啦！你们知道吗，植物当中也有一种喜庆的花喔，它就是炮仗花。

炮仗花有一个绝技，就是擅长攀爬。如果给它充分发挥的攀爬环境，它的茎能爬到7米甚至8米高呢！炮仗花的茎是木质的，叶子呈圆形，叶梢发尖，叶柄上面包裹着一层柔毛。

每当春天来临时，炮仗花的花期也就不远了。盛开的炮仗花一朵朵连在一起，有黄色的，也有橙红色的，成串地生长着，漂亮极了！垂下来的炮仗花看上去既像是一串串的鞭炮，又像是炸裂后的点点星火。炮仗花也正是因为花朵长得像炮仗才得了这个名字。

炮仗花原产自巴西，传入我国也有100多年的历史了。

它是一种喜阳植物，最喜欢生活在温暖湿润的气候环境中。我国的华南地区就很适合炮仗花的生长，那里的炮仗花四季常绿，即使冬季也是如此。

炮仗在我国已有很悠久的历史。过去，无论是新店开业还是过年守岁，人们都会燃放炮仗，以图个吉利的好兆头。但是现在，为了保证居民安全，也为了保护环境，很多地方都禁止居民燃放炮仗。这样一来，炮仗花自然而然地就成了炮仗的替代品，深受人们的欢迎。美丽的炮仗花多少也能弥补人们不能放炮仗的遗憾吧！

　　一般情况下，人们不会用炮仗花的种子进行繁殖，而是选择压条或是扦插的方式，也就是将它的树枝剥去一部分树皮再埋进土里，或是直接取一个树枝进行种植。

　　因为炮仗花极具观赏价值，所以现在不少商家将它盘曲成不同的图案，做成盆栽销售，其中有一些还是很大型的呢！在不少茶座和露天餐厅中，我们也能看到它们美丽的身影。炮仗花攀爬的特性使它能够作为垂直绿化和顶面美化的植物。

除了具备观赏性，炮仗花还能够入药，不同的部位功效也不一样呢！它的花能够润肺止咳，茎和叶能够清热，有利于咽喉健康，对治疗咽喉肿痛、咳嗽都很有效。将其用于治疗肝炎和支气管炎，效果更是理想。

同学们，炮仗花既好看又有用，还可以为新年增添喜庆，是不是很可爱呢？

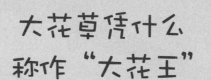

大花草凭什么
称作"大花王"

　　在陆地上，老虎是动物王国中的大王，因为它有着锋利的爪子，谁要敢跟它叫板，简直就是找死。在海洋中，鲨是当之无愧的霸主，它那尖锐的牙齿什么都能撕开，就连庞大的鲸见到它们也会掉头走开呢！那么，同学们知道在花朵的王国里，谁被冠上了"王"的称号吗？它就是"大花草"，也有人称它为"世界第一大花"呢！

　　玩过"QQ农场"的同学一定记得里面的一种叫作"大花

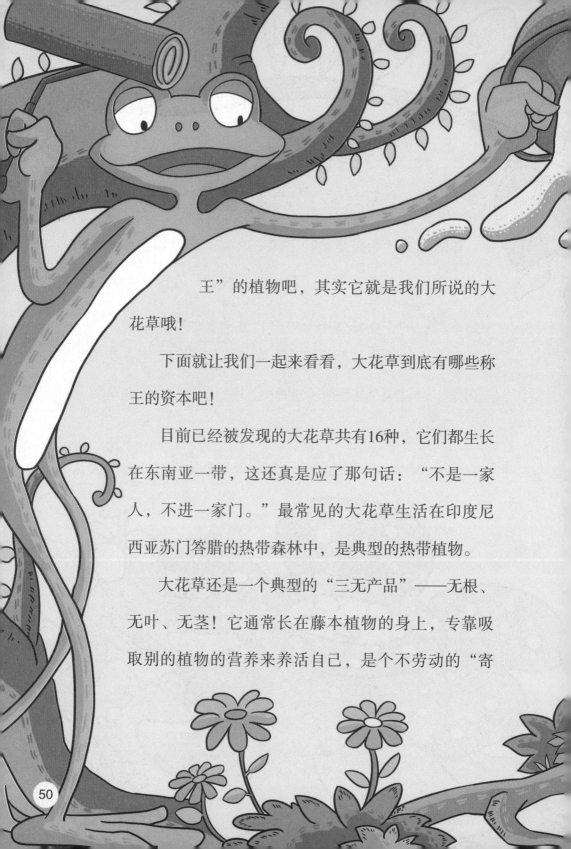

王"的植物吧，其实它就是我们所说的大花草哦！

下面就让我们一起来看看，大花草到底有哪些称王的资本吧！

目前已经被发现的大花草共有16种，它们都生长在东南亚一带，这还真是应了那句话："不是一家人，不进一家门。"最常见的大花草生活在印度尼西亚苏门答腊的热带森林中，是典型的热带植物。

大花草还是一个典型的"三无产品"——无根、无叶、无茎！它通常长在藤本植物的身上，专靠吸取别的植物的营养来养活自己，是个不劳动的"寄生虫"！大花草的花就是它身体的全部，它长着5片巨大、厚实的花瓣，每片长约30厘米，单是一片花瓣大概就有7千克重！巨大的大花草就那么突兀地铺在地上，仿佛怕人们发现不了它似的。

多数植物都有许多外号，大花草也不例外，它的外号是"霸王花"。大花草得到这个外号，与它的体形实在是有着分不开的关系！另外，它的花冠是鲜红色的，看上去既绚丽又壮观。若是在热带雨林撞见它，还真以为穿越到了远古时代，遇上了霸王龙呢！

大花草不仅长得大，颜色也是五彩斑斓的。它的花瓣上长满了斑点，看上去就像是一个脸上长满青春痘的同学，真是让人头疼。大花草啊，你怎么就不知道收敛收敛呢？

大花草的花心长得也很有趣，因为它很像同学们洗脸用的大脸盆，能盛下7～8千克的水呢！大花草，要是遇到了暴雨天，你就不怕被淹死吗？

大花草还有一个特点，就是一生只开一次花。而且，它们的花期只有区区4天，花期过后，花朵就会慢慢凋谢，原本鲜红的花瓣也会慢慢变黑，直至变成一堆黏糊糊的黑东西。不过，7个月后，这堆黑东西里会奇迹般地长出一枚看似腐烂

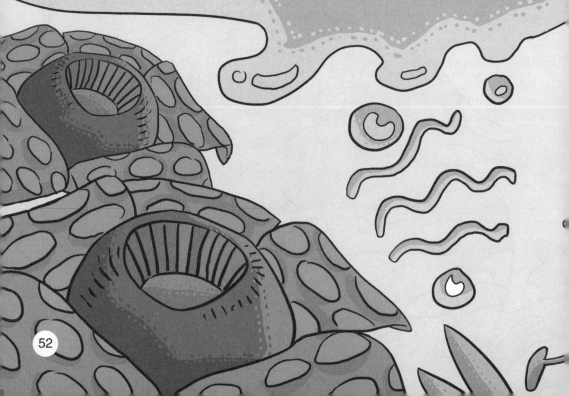

的果实。待到第二年春暖花开，新长出来的大花草就会再次开花，就这样一年一年地轮回着，也算是植物界的奇观了。

在自然界中，大多数花草植物都能散发出迷人的幽香。不过，也有一些植物十分另类，它们居然是以恶臭闻名世界的！大花草就是其中一种哦，不仅如此，它还是臭类植物中最臭的一个，经过它身边的人往往都要捏着鼻子呢！大花草的臭味很像尸体腐烂的味道，一朵大花草散发出来的臭味覆盖面积极广，在它的恶臭范围内，几乎没有小动物敢靠近！那味道有多么可怕真是可想而知啦！

大花草，你要是再不洗洗澡，以后就真没人愿意欣赏你的美啦！

香喷喷的咖喱粉，
原来是这两种东西

许多同学都品尝过咖喱独特的香味吧。金黄色的咖喱带着怪异的香辣，吃到嘴里是不是特别的可口呀？那么，同学们是否知道，咖喱到底是个什么东西呢？

咖喱这个词其实出自坦米尔语，是音译过来的，意思就是"将许多香料放在一起煮"，也就是调味料。早在我国殷商时期，王室的厨师们就已经懂得在膳品中使用咖喱来调味了。

不少人认为，咖喱最早源自印度。据说，在很久以

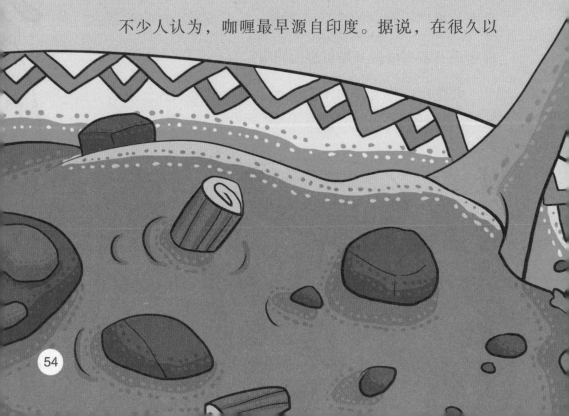

前，印度人以羊肉为主要食物，但是羊肉浓浓的膻味实在是让很多人难以忍受，而且这种膻味用单一的香料根本无法去除。最后，聪明的印度人终于想到了解决办法，他们把许多种香料粉末组合在一起熬成浓汁，再用来烹调羊肉，果然成功地去掉了羊肉的膻味。这种浓汁就是今天的咖喱的前身。

如今，咖喱在全世界都有着广泛的应用。无论是烹制牛羊肉还是禽类，人们都喜欢放上一点咖喱。即使是普通的蔬菜食品，咖喱也能让它变成风味独特的美味，比如咖喱土豆等。

同学们是不是很好奇，这么好吃的咖喱究竟是用哪些原料配制成的呢？

悄悄地告诉你们哦，配制正宗的咖喱，有一种主要原料是绝对不能少的，那就是咖喱叶，也就是咖喱树的叶子。

咖喱树原产于印度、斯里兰卡、缅甸及新加坡等地，它与柠檬同属，是印度家喻户晓的木本香辛蔬菜。将咖喱树的叶子晒成干燥的叶片，就得到加工上等咖喱的重要原料喽！另外，咖喱粉为什么是黄色的呢？这就要说到咖喱粉的另一种重要原料了，它就是姜黄。

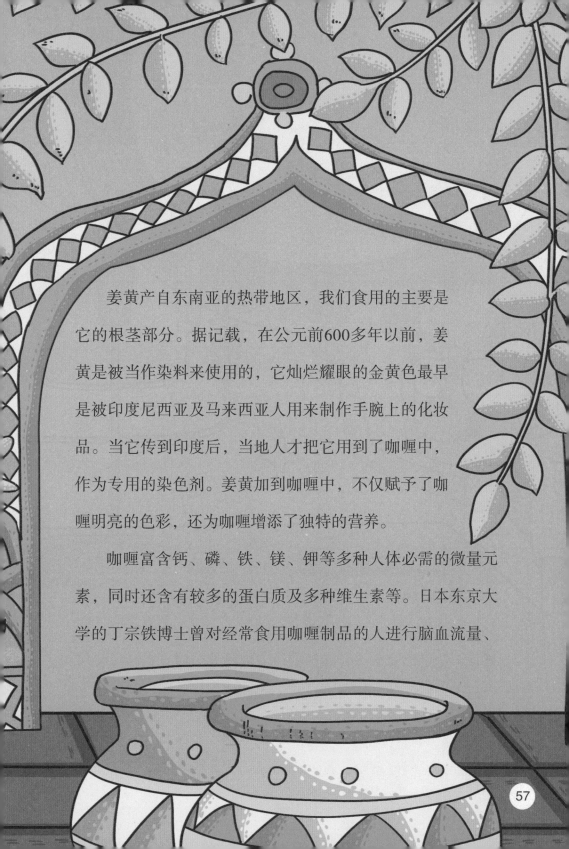

　　姜黄产自东南亚的热带地区，我们食用的主要是它的根茎部分。据记载，在公元前600多年以前，姜黄是被当作染料来使用的，它灿烂耀眼的金黄色最早是被印度尼西亚及马来西亚人用来制作手腕上的化妆品。当它传到印度后，当地人才把它用到了咖喱中，作为专用的染色剂。姜黄加到咖喱中，不仅赋予了咖喱明亮的色彩，还为咖喱增添了独特的营养。

　　咖喱富含钙、磷、铁、镁、钾等多种人体必需的微量元素，同时还含有较多的蛋白质及多种维生素等。日本东京大学的丁宗铁博士曾对经常食用咖喱制品的人进行脑血流量、

咖喱的种类

咖喱的种类有很多，以国家来分，其源地就有印度、斯里兰卡、泰国、新加坡、马来西亚等；以颜色来分，有红、青、黄、白之别。根据配料细节上的不同来区分咖喱的口味，大约可以分成10多种。各种迥异的香料汇集在一起，就形成了各种令人意想不到的香喷喷的咖喱啦！

体温、血压、心率等方面的测试。测试结果表明，咖喱中的有效成分能够促进人体唾液分泌，提高消化与吸收功能，并使大脑血流量明显增加。

同学们，如果你也爱吃咖喱，那就让它为你的生活和健康多多添彩吧！

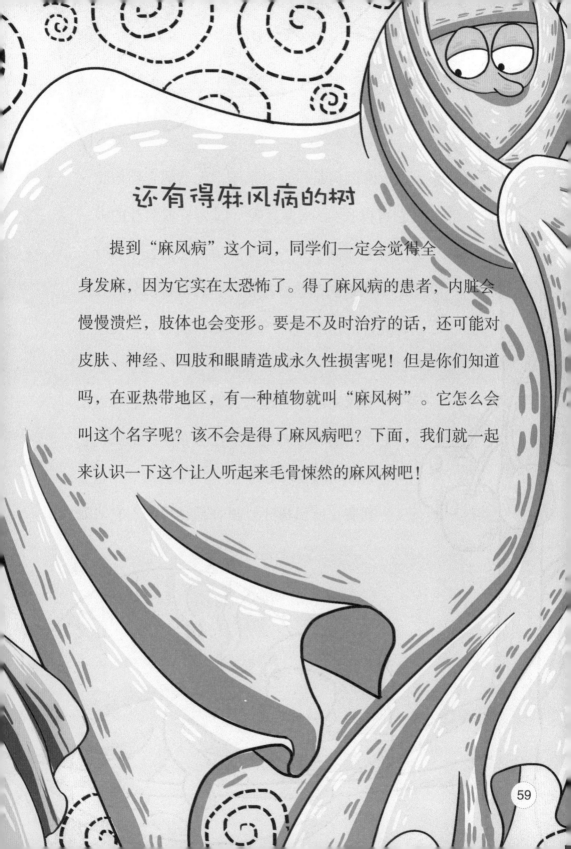

还有得麻风病的树

提到"麻风病"这个词，同学们一定会觉得全身发麻，因为它实在太恐怖了。得了麻风病的患者，内脏会慢慢溃烂，肢体也会变形。要是不及时治疗的话，还可能对皮肤、神经、四肢和眼睛造成永久性损害呢！但是你们知道吗，在亚热带地区，有一种植物就叫"麻风树"。它怎么会叫这个名字呢？该不会是得了麻风病吧？下面，我们就一起来认识一下这个让人听起来毛骨悚然的麻风树吧！

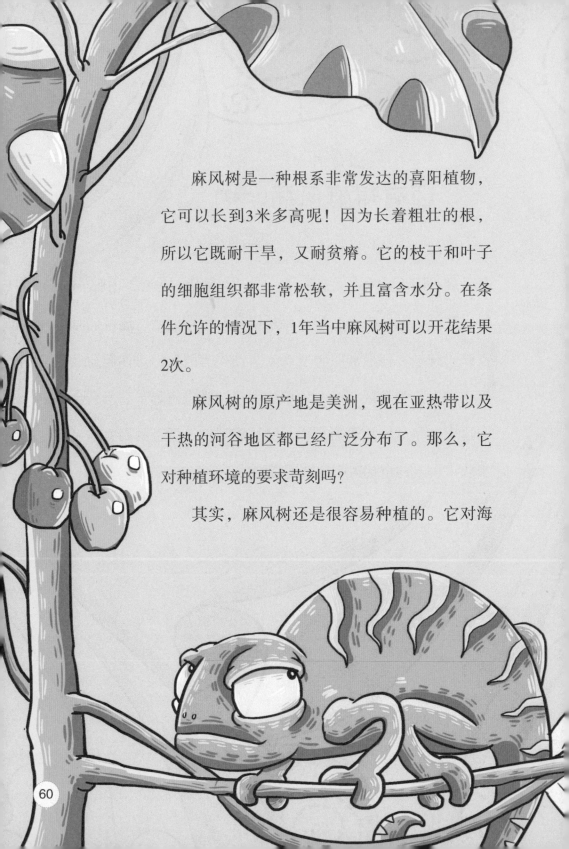

麻风树是一种根系非常发达的喜阳植物，它可以长到3米多高呢！因为长着粗壮的根，所以它既耐干旱，又耐贫瘠。它的枝干和叶子的细胞组织都非常松软，并且富含水分。在条件允许的情况下，1年当中麻风树可以开花结果2次。

麻风树的原产地是美洲，现在亚热带以及干热的河谷地区都已经广泛分布了。那么，它对种植环境的要求苛刻吗？

其实，麻风树还是很容易种植的。它对海

拔和土壤都没有特殊的要求，因此在有些地方能够以纯林的形式存在。密密麻麻的一片麻风树，看上去绿油油的。

虽然名字中带有"麻风"两个字，但同学们千万不要认为它就是制造麻风病的罪魁祸首哦！要是麻风树会说话，它也一定会大声喊冤的，因为它是一种很名贵的药材。

通常来说，麻风树的最大功用就是入药。它能治疗外伤、散瘀消肿，还能够止痒，对于骨折、湿疹等病症也有着不小的疗效。最新的研究结果表明，麻风树内含有一种叫作"环八肽"的物质，这种物质对于抗癌也能起到一定的效果。

除了药用价值，麻风树还是一种非常好的造林树种。因为它的生命力非常旺盛，简直可以和打不死的"蟑螂小强"相比拼呢！此外，麻风树的花还能够作为染料使用。麻风树最为让人叹服的就是它的种子，因为含油量非常高，所以现在已经成为一种理想的生物燃料作物了。同学们看到了吧，麻风树的前景可是一片光明呢！

虽然麻风树可以入药，但同学们也要注意哦，因为它同样是有毒的！它身体的各个部位中都含有毒素，尤其是

果子，有毒蛋白的含量极高。另外，相比野生的麻风树，药用栽培的麻风树的毒性会稍微小一点。所以，同学们可千万不要因为好奇而去品尝麻风树的果子哦！

看来，麻风树虽然名字可怕，但它可是我们生活中的大功臣哦！现在，同学们不会再把它和麻风病联系在一起了吧？

嘿嘿，美人蕉
真是个"大美人"嘞

　　虽然每个人都有不同的审美观，但是有的时候，当很多人都觉得一样东西是美丽的，这种东西就会深受人们的喜爱。有这样一种植物，光听名字就很吸引人，它叫作"美人蕉"。同学们是不是很好奇呀，它究竟有多漂亮呢？怎么会有这么一个千娇百媚的名字啊？现在就让我们一起来认识认识它吧。

美人蕉又名大花美人蕉、红艳蕉，是一种多年生草本花卉。它长着球形根，植株一般能长到1米高，茎直立着向上生长，没有分枝。它的叶子是椭圆形的，交错生长，差不多能长得跟香蕉树的叶子一般大呢。美人蕉的花也不小，它的直径能够达到20厘米，而且有多种颜色，白的、黄的、粉的、红的、紫红的，一应俱全。姹紫嫣红的花朵们聚集在一起，就像是在参加选美大赛呢！

据统计，美人蕉共有50多个品种呢！在我国，它通常被当作观赏花卉。总的来说，它对环境的要求不算高，适应能

力也很强，所以在很多地区都有种植。那么，同学们知道美人蕉在什么样的环境中才能长得最美吗？

　　其实，美人蕉是一种喜阳的植物，它最喜欢温暖的气候，可是不耐寒，对土壤也有着一定的要求，只有在肥沃、深厚、排水性良好的土壤中才能生存。通常，园艺工人们会在美人蕉的生长期内为它施肥，以确保它长势苗壮、花朵鲜艳。

　　同学们可不要以为美人蕉只是虚有其表，它的实际用途可不小哟！它的根状茎以及花朵都可以用药，能够帮助人们安神降压、清热利湿，

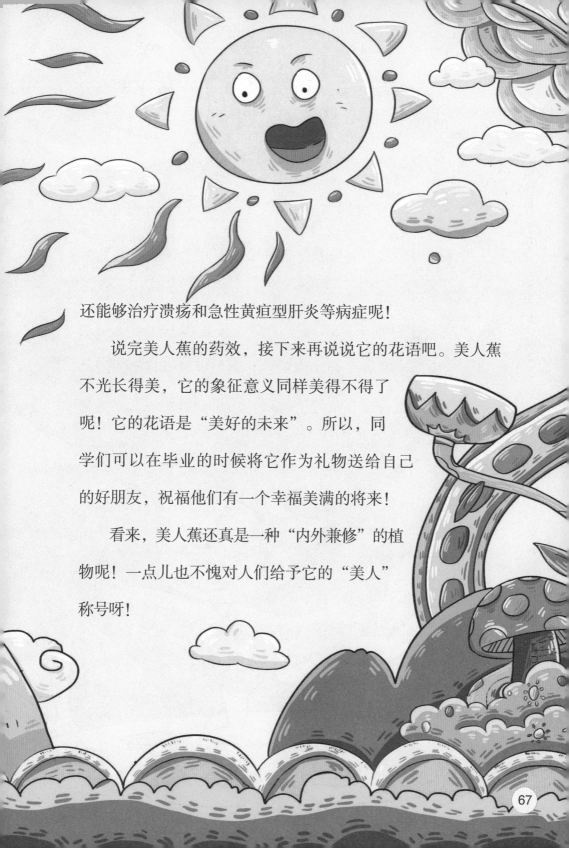

还能够治疗溃疡和急性黄疸型肝炎等病症呢！

　　说完美人蕉的药效，接下来再说说它的花语吧。美人蕉不光长得美，它的象征意义同样美得不得了呢！它的花语是"美好的未来"。所以，同学们可以在毕业的时候将它作为礼物送给自己的好朋友，祝福他们有一个幸福美满的将来！

　　看来，美人蕉还真是一种"内外兼修"的植物呢！一点儿也不愧对人们给予它的"美人"称号呀！

能驮起一个
小孩儿的王莲

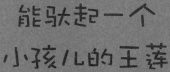

《西游记》大家都看过吧？里面有一个叫红孩儿的角色，他十分调皮，一心想要吃唐僧肉，最后被观世音收服，成为善财童子！那你还记得红孩儿是怎么被收服的吗？这里面可有一个大功臣呢，它就是观世音打坐用的金莲。红孩儿就是坐在金莲中玩耍，结果被困住无法脱身，最后才被迫投降的。

电视剧中巨大的莲花宝座一定给大家留下了深刻的印象吧？不过，植物世界里真有那么大的莲花吗？居然能够让人坐在上面！没错，这种莲花的确存在哟，它就是王莲。

王莲是一种热带植物，它有着所有水生植物中最大的叶片，那厚实的大叶子直径可达3米以上呢！它的叶面非常光滑，边缘上卷，静静地浮在水面上，就像是一只只碧绿的玉盘。同学们知道它到底有多大的浮力吗？有人曾做过一个实验，将一个体重30千克的小孩放在了王莲的叶片上，结果叶

片纹丝不动。一个叶片怎么会有这么大的力量呢？将王莲的叶片翻过来你就知道答案了。原来，王莲的叶脉结构与一般植物不同，呈放射状分布，所以才具有这么大的浮力，这原理就跟雨伞的伞架差不多。你知道吗，王莲的叶片最多可承受60千克至70千克重的物体呢，这种令人震惊的承载力是不是难逢对手呢？

因为王莲又大又有"力气"，所以它也被人们称为"大

王莲"。在每年的8月，王莲们会百花齐放，它的花又大又美，直径可达30厘米，比一般的荷花都要大，而且竟然有六七十片花瓣呢。

　　同学们一定不知道，王莲的花朵还有一个比较有趣的特异功能，就是会按时开放和休息，花的颜色也会随着时间的变化而变化。第一天晚上，一朵白花展现在我们面前；到了第二天上午，这朵花闭合休息，傍晚时分再次绽放，花的颜色却变成了红色；第三天上午再次闭合，傍晚再次开放，花

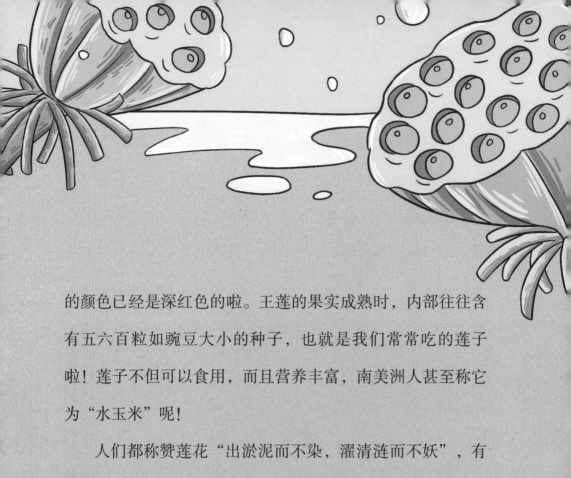

的颜色已经是深红色的啦。王莲的果实成熟时，内部往往含有五六百粒如豌豆大小的种子，也就是我们常常吃的莲子啦！莲子不但可以食用，而且营养丰富，南美洲人甚至称它为"水玉米"呢！

人们都称赞莲花"出淤泥而不染，濯清涟而不妖"，有一种高尚、圣洁的品质。那么王莲的生长环境是怎样的呢？其实，王莲对生长环境是有一定的要求的。因为它是典型

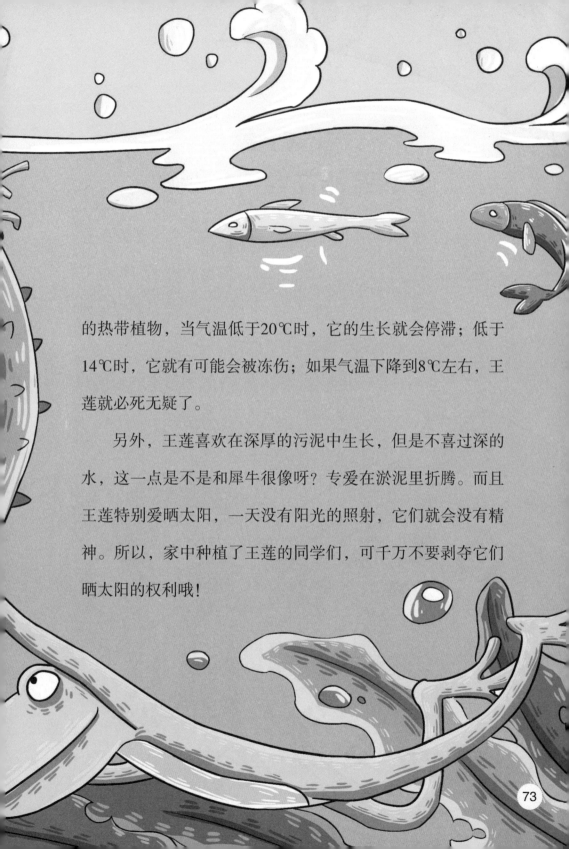

的热带植物，当气温低于20℃时，它的生长就会停滞；低于14℃时，它就有可能会被冻伤；如果气温下降到8℃左右，王莲就必死无疑了。

另外，王莲喜欢在深厚的污泥中生长，但是不喜过深的水，这一点是不是和犀牛很像呀？专爱在淤泥里折腾。而且王莲特别爱晒太阳，一天没有阳光的照射，它们就会没有精神。所以，家中种植了王莲的同学们，可千万不要剥夺它们晒太阳的权利哦！

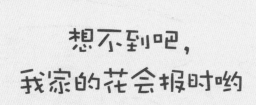

想不到吧，
我家的花会报时哟

同学们想知道时间的时候，是不是首先就会想到手表呀？那如果把你们丢进热带雨林，又不给你们任何报时工具，你该怎样判断时间呢？哈哈，不要着急，你只需要观察一下周围，因为有一种植物也会"报时"哦！

在美丽的西双版纳热带植物园里，有一种黄色的小花，

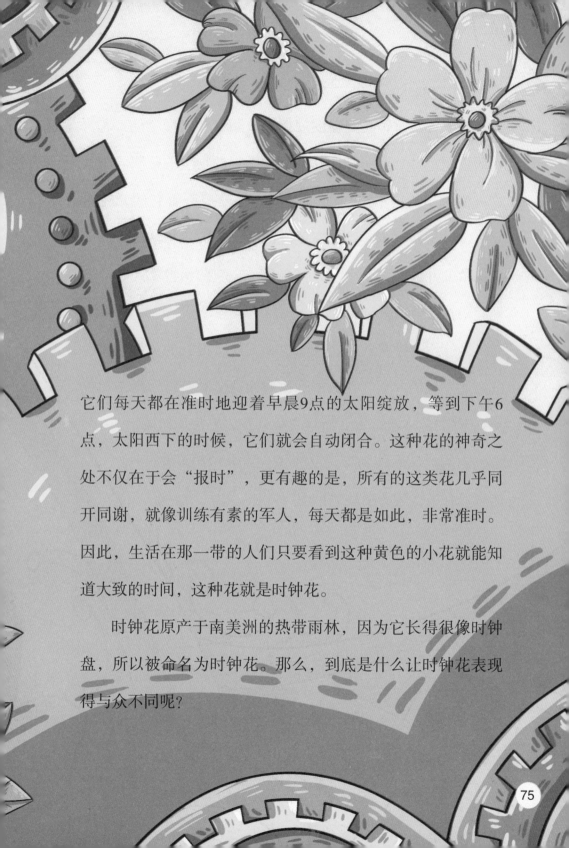

它们每天都在准时地迎着早晨9点的太阳绽放，等到下午6点，太阳西下的时候，它们就会自动闭合。这种花的神奇之处不仅在于会"报时"，更有趣的是，所有的这类花几乎同开同谢，就像训练有素的军人，每天都是如此，非常准时。因此，生活在那一带的人们只要看到这种黄色的小花就能知道大致的时间，这种花就是时钟花。

时钟花原产于南美洲的热带雨林，因为它长得很像时钟盘，所以被命名为时钟花。那么，到底是什么让时钟花表现得与众不同呢？

　　原来呀，时钟花开花的规律同日照以及温度变化有着密切的关系，并且受一种叫作"时钟酶"的物质的控制。正是这种酶调节着时钟花的生理机能，进而控制着它的开花时间。这种物质气温越高，它就越活跃，它的这种活跃能促进了花朵的开放。到了下午，气温低了，它的活性就开始慢慢地减弱，花朵也就自然闭合了。

　　另外，时钟花的开花时间也和天气有很大的关系哦！当气温比较低的时候，花朵的开放时间也会跟着往后延，一般要到下午3点才会开放，而且花朵只开放半朵。如果遇到阴天，花朵就要等到夜晚才会闭合，甚至有可能延迟到第二天的早晨呢！

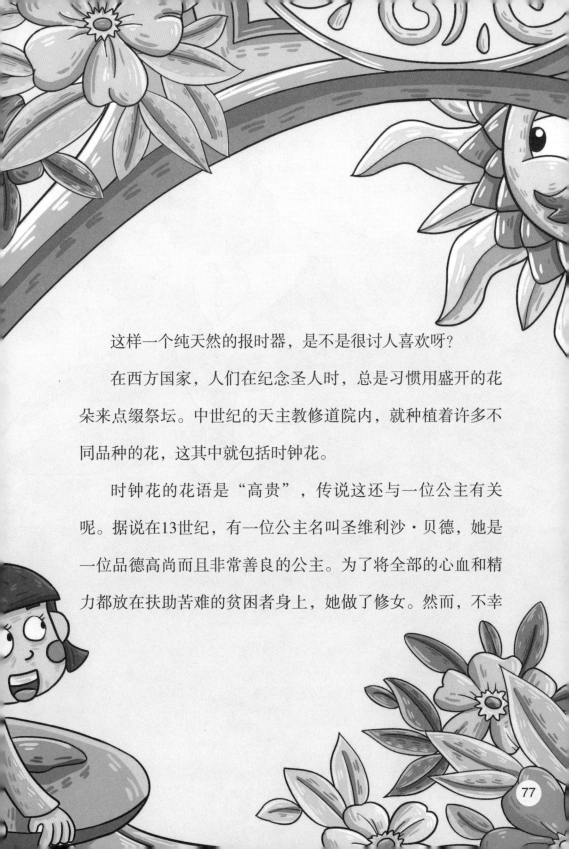

这样一个纯天然的报时器，是不是很讨人喜欢呀？

在西方国家，人们在纪念圣人时，总是习惯用盛开的花朵来点缀祭坛。中世纪的天主教修道院内，就种植着许多不同品种的花，这其中就包括时钟花。

时钟花的花语是"高贵"，传说这还与一位公主有关呢。据说在13世纪，有一位公主名叫圣维利沙·贝德，她是一位品德高尚而且非常善良的公主。为了将全部的心血和精力都放在扶助苦难的贫困者身上，她做了修女。然而，不幸

近代植物分类学的奠基人林奈

林奈生于1707年，卒于1778年，是一位瑞典生物学家。他一生最主要的成就就是建立了人为分类体系和双名制命名法。他用拉丁文为植物命名学名，统一了术语，从而促进了研究植物界科学家们之间的交流。植物王国的混乱局面因为他而被调理得井然有序，这极大地促进了植物学的发展。

的是，她只活到24岁就去世了。因为她的出身和举止都十分高贵，人们把时钟花献给她，所以人们就把时钟花的花语定义为"高贵"。

时钟花是一个"好孩子"，从来不"休息"、不"迟到"，同学们，你们也要向它学习哦，上学的时候可千万不要迟到呀！

吃完神秘果，吃啥都甜

大自然是奇妙的，它赐予每一种植物不同的神奇。有一种堪称最神奇的植物，它的名字就叫"神秘果"。那么，它到底有多神秘呢？

神秘果有许多别名，而且都带有奇幻的色彩，比如梦幻果、奇迹果等。神秘果树是一种常绿灌木，果树一般能长到2～4米高。它的树茎呈现灰褐色，在枝上长有不规则的灰白色条纹。

神秘果每年9月份开花，它的花一般是白色的，花朵比较小。椭圆形的小果实通常在10月份开始生长，直到11月份左右才会成熟。成熟后的神秘果长得跟同学们常吃的圣女果很是相似。神秘果啊，你怎么就不能快点成熟呢？同学们的口水都要流出来了呢！

神秘果最神奇的地方就是它的果肉中含有变味蛋白酶。这种物质能改变人的味觉，使我们的味觉在一段时间内明显变甜。即使是酸酸的李子，吃到嘴里也会变成甜的。同学们生病时是不是最怕吃到发苦的药

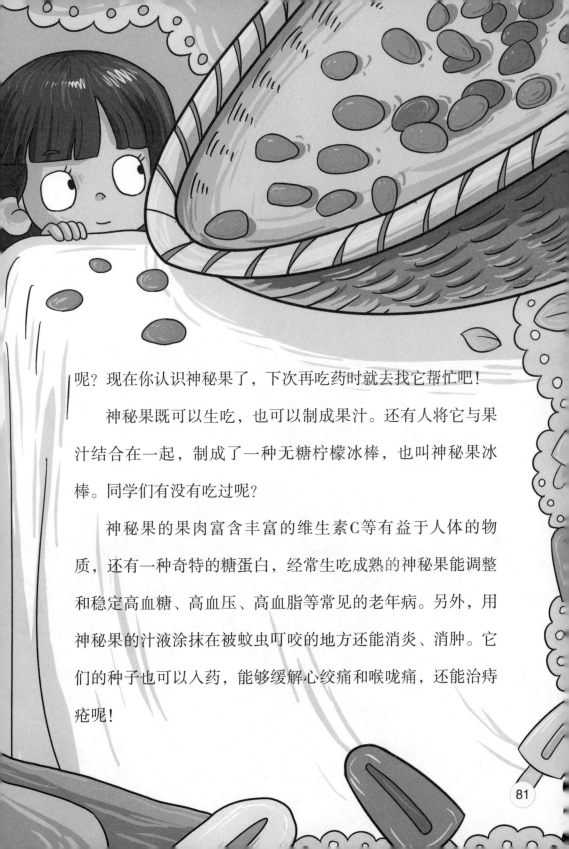

呢？现在你认识神秘果了，下次再吃药时就去找它帮忙吧！

神秘果既可以生吃，也可以制成果汁。还有人将它与果汁结合在一起，制成了一种无糖柠檬冰棒，也叫神秘果冰棒。同学们有没有吃过呢？

神秘果的果肉富含丰富的维生素C等有益于人体的物质，还有一种奇特的糖蛋白，经常生吃成熟的神秘果能调整和稳定高血糖、高血压、高血脂等常见的老年病。另外，用神秘果的汁液涂抹在被蚊虫叮咬的地方还能消炎、消肿。它们的种子也可以入药，能够缓解心绞痛和喉咙痛，还能治痔疮呢！

神秘果原产自非洲，那它是怎样来到我们国家的呢？原来呀，它还是我们敬爱的周恩来总理带回来的呢！在20世纪60年代，周恩来总理去西非访问，加纳共和国将神秘果作为国礼送给了他。后来，周总理结束访问后，就将神秘果带回了中国，并送到热带植物研究所进行栽培、繁殖。从此，神秘果就在我国正式地"安家落户"啦！现在，神秘果在海南、广东、广西、福建等省份都有种植。

　　来自非洲的神秘果自然是最喜欢生长在热带或亚热带的

潮湿地区。在这些地区给它一块排水良好、有机质含量较高的低洼地或平缓坡地，神秘果就能够快乐地生长啦！不过，神秘果很怕冷，当气温低于3℃至5℃时，神秘果就容易被冻伤了。所以人们在冬天常常为它们搭起棚子，帮助它们安全、温暖地度过冬天。

神秘果很怕冷，同学们冬天穿厚衣服的时候，可不要忘了给神秘果也披上一件"羽绒服"哦！

冒充香蕉的芭蕉

《西游记》中孙悟空三借芭蕉扇的故事同学们一定有印象吧？那把神奇的扇子正是用芭蕉树的树叶做成的哦！那么，你们吃过芭蕉树上结的芭蕉果吗？相信大多数同学都没吃过喔。那我们今天就来好好地了解一下这个在水果王国中并不出众的小成员——芭蕉。

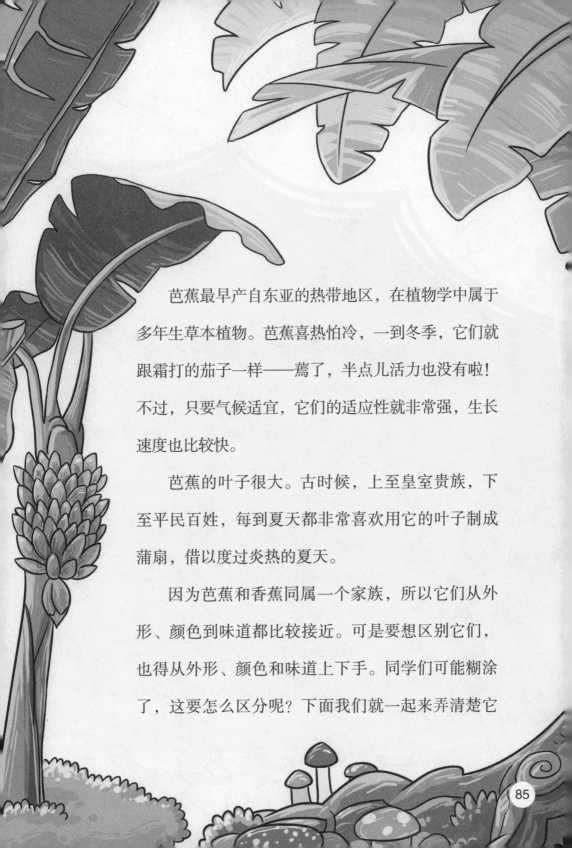

芭蕉最早产自东亚的热带地区，在植物学中属于多年生草本植物。芭蕉喜热怕冷，一到冬季，它们就跟霜打的茄子一样——蔫了，半点儿活力也没有啦！不过，只要气候适宜，它们的适应性就非常强，生长速度也比较快。

芭蕉的叶子很大。古时候，上至皇室贵族，下至平民百姓，每到夏天都非常喜欢用它的叶子制成蒲扇，借以度过炎热的夏天。

因为芭蕉和香蕉同属一个家族，所以它们从外形、颜色到味道都比较接近。可是要想区别它们，也得从外形、颜色和味道上下手。同学们可能糊涂了，这要怎么区分呢？下面我们就一起来弄清楚它

们到底有什么区别吧！

从外形上看，芭蕉短短的，又粗又胖。它们一般有3~5个棱角，棱角分明，柄也比较长，"屁股"尖尖的。香蕉则长得又长又细，在还没有成熟时有5~6个棱角，但成熟后就会变得比较饱满，棱角就不那么明显了。另外，香蕉的柄比较短，"屁股"则比较圆。

从颜色上看，芭蕉的果皮是灰黄色的，成熟的芭蕉表皮没有斑点，果肉一般为乳白色。而香蕉在没有成熟时是青绿色的，成熟后才慢慢变成黄色。而且，香蕉的皮上带有褐色的斑点，果肉一般是黄白色的。

从口感上说，芭蕉的味道靠近酸甜，而香蕉的香气较浓，吃起来更为香甜。

通过分析以上这些细节，同学们不会再上芭蕉的当了吧？但是，光会区别它们的外表还不够喔，大家还应该知道它们在营养上的区别呢！

野芭蕉含有丰富的膳食纤维和水溶性植物纤维，所以具有润肠通便的功效。因为芭蕉呈温性，所以它更适合胃寒患者及老年人食用。

香蕉偏凉性，对于调理肠胃失调很有帮助。香蕉的果肉里含有丰富的维生素，另外还有钾、镁，这些物质还能帮吸烟者戒烟呢！如果你的爸爸也有吸烟的坏习惯，那就让他多吃一些香蕉吧！

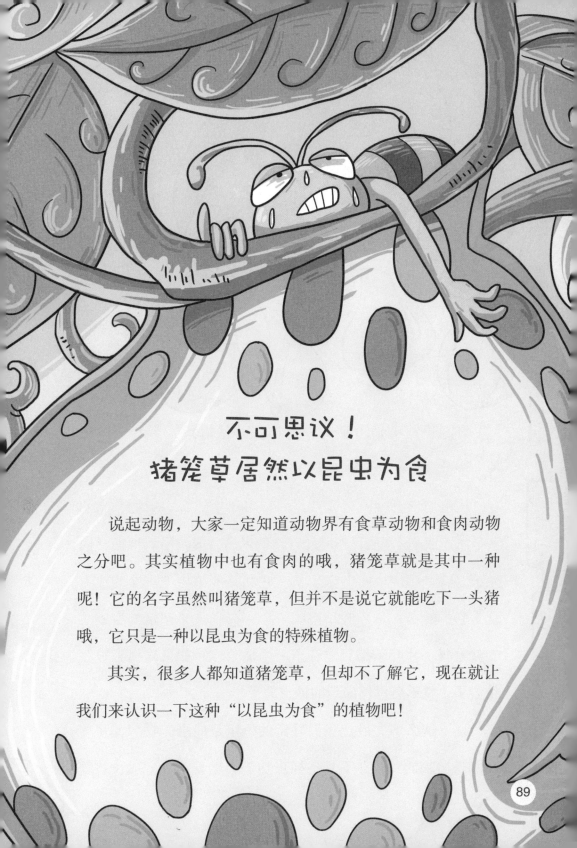

不可思议！
猪笼草居然以昆虫为食

说起动物，大家一定知道动物界有食草动物和食肉动物之分吧。其实植物中也有食肉的哦，猪笼草就是其中一种呢！它的名字虽然叫猪笼草，但并不是说它就能吃下一头猪哦，它只是一种以昆虫为食的特殊植物。

其实，很多人都知道猪笼草，但却不了解它，现在就让我们来认识一下这种"以昆虫为食"的植物吧！

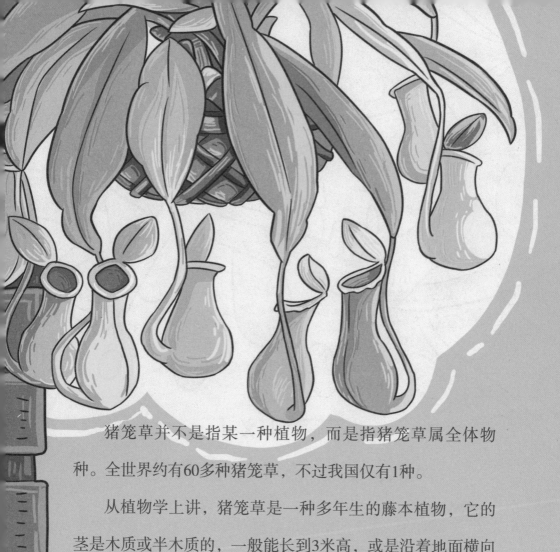

　　猪笼草并不是指某一种植物，而是指猪笼草属全体物种。全世界约有60多种猪笼草，不过我国仅有1种。

　　从植物学上讲，猪笼草是一种多年生的藤本植物，它的茎是木质或半木质的，一般能长到3米高，或是沿着地面横向生长，或是缠绕树木向上生长。它和其他植物不一样的地方就是它的叶子，每片叶子都像一个小口袋。猪笼草的特别之处就是每一片叶子都只能长出一个捕虫笼，如果损坏了或是枯萎了，就不会再长出新的捕虫笼了！

　　说了这么多，最让我们好奇的一定是捕虫笼啦。捕虫笼在刚长出来的时候并不具备捕虫功能，随着不断地成长，笼盖才会慢慢打开，之后，笼口继续发育，开始向外或向内翻卷，这个时候它就能捕虫了！另外，"笼子"由两部分构成，下面是"笼子"，上面是"盖子"，这两个部分合在一起真可以说是无敌的，任何昆虫都别想逃出它的"手掌心"哦！

下面，我们再来看看猪笼草是怎么捕虫的吧！

所有的猪笼草中都含有蜜腺，这个器官能够分泌出吸引昆虫的汁液。另外，它艳丽的颜色也是一个吸引昆虫的诱饵。小虫子一旦飞到笼口，就会掉进它的陷

阱，然后它就会慢慢盖上笼盖。

捕虫笼内部的表面十分光滑，小虫站在里面就像踩在肥皂水上，难以逃脱。等到盖子完全合上之后，猪笼草就会分泌出消化液，慢慢地将小虫子分解成供自身生长的各种营养。

大部分同学都会误把猪笼草的叶子当作它的花，这是不对的哦。原来猪笼草的花非常小，所以才常常被口袋状的叶子抢去了风头！另外，猪笼草的花还很特别，就是一到晚上就会散发出非常臭的味道！

那么，猪笼草为什么会以昆虫为食呢？比起植物，猪

东南亚也有"粽子"

在东南亚地区，猪笼草是一种难得的"粽子叶"呢！就如同我国用竹叶或是芦苇叶包粽子一样。东南亚的一种特色食物就是以苹果猪笼草的捕虫笼作为餐具，将米饭、肉等各类食物放进去，做成特色的"猪笼草饭"。这种极具东南亚风味的食物很像我国的"粽子"吧？

笼草更像是一种动物。它虽然生活在贫瘠的地方，却没有强健的根系，所以很难从土壤中吸取足够的营养，而且它的根须不但不多，还很容易断，所以只能通过捕食昆虫来为自身提供营养啦！

作为一种特别的植物，猪笼草还是受保护的呢！虽然它并不是濒危植物，但是过多的贸易仍有可能加速它的灭绝。因此，现在很多国家之间都签订了公约，规定在进行与猪笼草相关的贸易之前要先取得许可。

没看出来吧，这样一种"凶猛"的植物居然也需要保护呢！如果你对猪笼草感到好奇的话，不妨养一盆来细细观察吧！看它是不是真的那么"凶猛"！

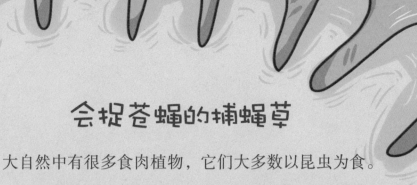

会捉苍蝇的捕蝇草

大自然中有很多食肉植物，它们大多数以昆虫为食。同学们听说过捕蝇草吗？顾名思义，这是一种会捉苍蝇的植物哦，它可是比青蛙还要厉害呢！你知道它都有些什么本领吗？

在植物学里，捕蝇草是一种多年生草本植物，它的原产地是美国的卡罗莱纳州，后来才被引进中国。它们喜欢温暖而潮湿的气候，一般生长在土质为泥炭或硅砂的湿地

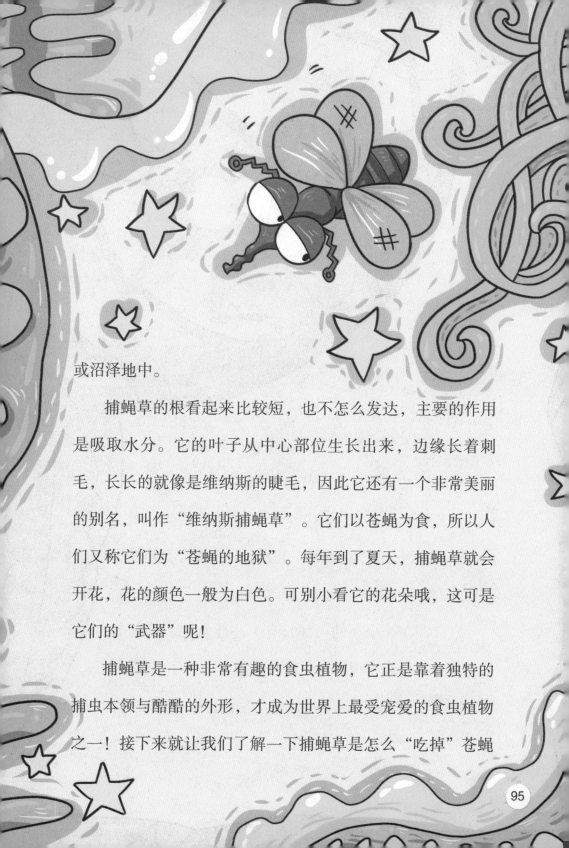

或沼泽地中。

捕蝇草的根看起来比较短，也不怎么发达，主要的作用是吸取水分。它的叶子从中心部位生长出来，边缘长着刺毛，长长的就像是维纳斯的睫毛，因此它还有一个非常美丽的别名，叫作"维纳斯捕蝇草"。它们以苍蝇为食，所以人们又称它们为"苍蝇的地狱"。每年到了夏天，捕蝇草就会开花，花的颜色一般为白色。可别小看它的花朵哦，这可是它们的"武器"呢！

捕蝇草是一种非常有趣的食虫植物，它正是靠着独特的捕虫本领与酷酷的外形，才成为世界上最受宠爱的食虫植物之一！接下来就让我们了解一下捕蝇草是怎么"吃掉"苍蝇

的吧！

　　捕蝇草的叶片一左一右对称生

长，形成了一对天然的夹子，然后再连接到叶柄。

"捕虫夹"的外缘长着一排齿状的刺毛，乍一看很

锋利，其实这些毛非常柔软。它们的作用就是防止被

捕的昆虫逃跑。那么，捕蝇草是通过什么途径得知虫子

已经进入它们的领地的呢？

　　原来，在捕虫夹的内部长有一些感觉毛，感觉毛的

基部有一个看起来很膨大的部分，里面包含了一群感觉细

胞。昆虫一旦触动了感觉毛，感觉毛就会压迫到感觉细胞。

这个时候，感觉细胞便会发出一股微弱的类似于电流的介

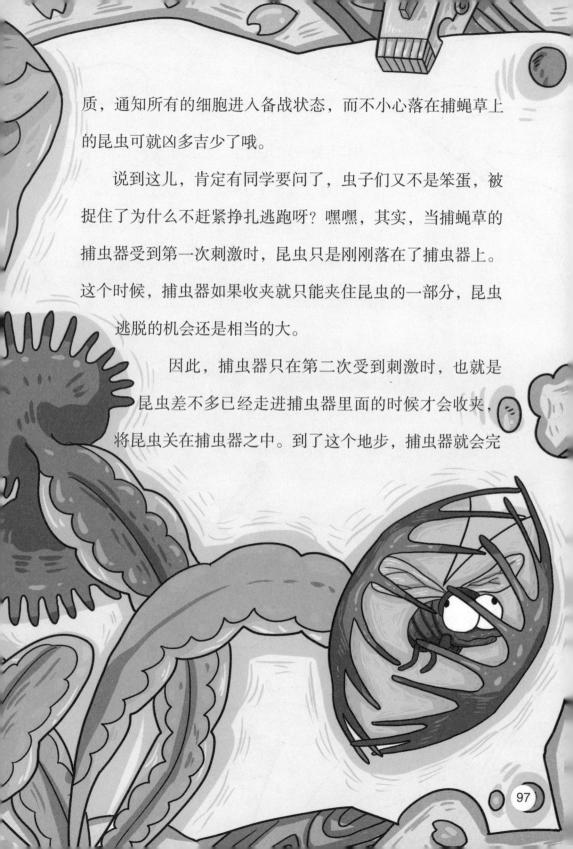

质，通知所有的细胞进入备战状态，而不小心落在捕蝇草上的昆虫可就凶多吉少了哦。

说到这儿，肯定有同学要问了，虫子们又不是笨蛋，被捉住了为什么不赶紧挣扎逃跑呀？嘿嘿，其实，当捕蝇草的捕虫器受到第一次刺激时，昆虫只是刚刚落在了捕虫器上。这个时候，捕虫器如果收夹就只能夹住昆虫的一部分，昆虫逃脱的机会还是相当的大。

因此，捕虫器只在第二次受到刺激时，也就是昆虫差不多已经走进捕虫器里面的时候才会收夹，将昆虫关在捕虫器之中。到了这个地步，捕虫器就会完全紧闭，根本不留一点儿缝隙，小虫子无论如何也逃不出去了。而这个夹子一关闭就是几天甚至十几天。到了那个时候，昆虫早就被分布于捕虫器上的腺体所分泌的消化液消化得干干净净了。只有等到昆虫的肉体被消化干净后，捕虫器才会再度打开。那些啃不动的昆虫外壳，就被风雨带走了。

有的同学又要提问了，捕蝇草是如何分辨猎物的呢？如果捕到的只是一片树叶，难道它也要将树叶死死地抓住吗？啊，这个问题问得真好。原来，这也是感

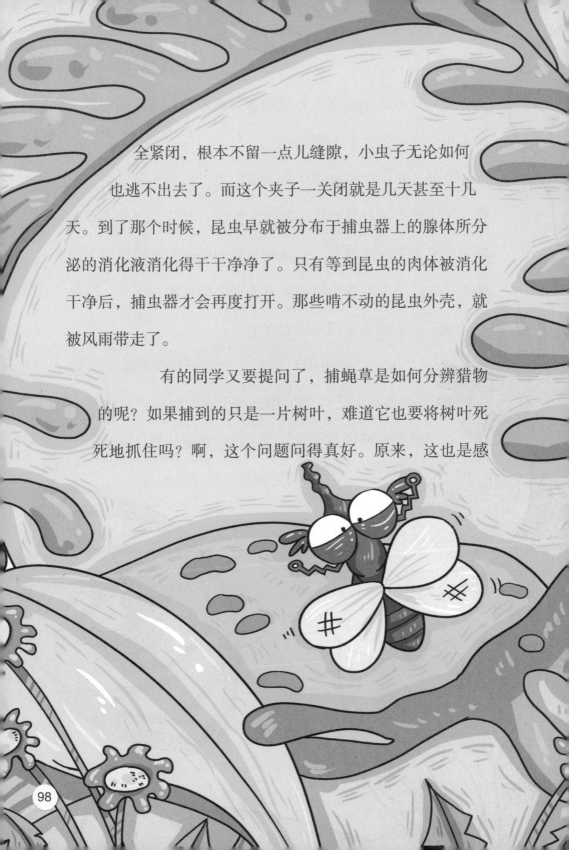

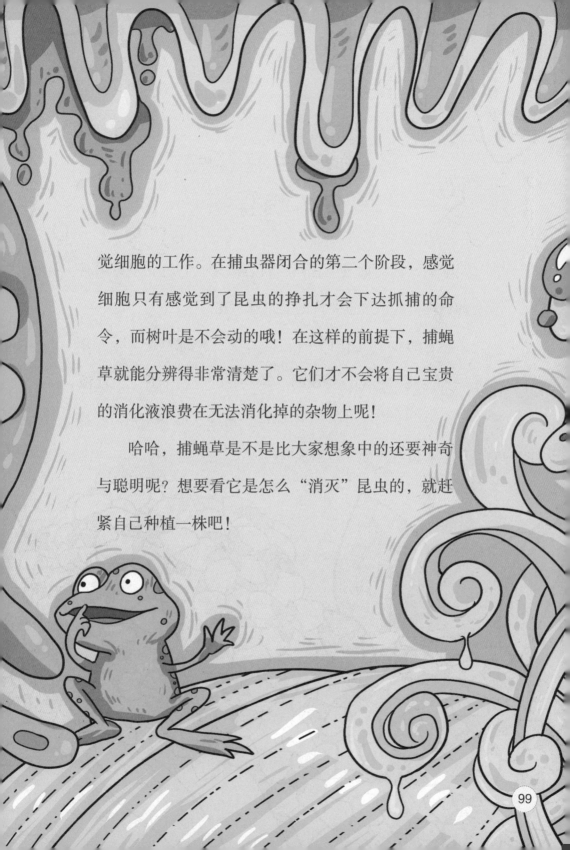

觉细胞的工作。在捕虫器闭合的第二个阶段，感觉细胞只有感觉到了昆虫的挣扎才会下达抓捕的命令，而树叶是不会动的哦！在这样的前提下，捕蝇草就能分辨得非常清楚了。它们才不会将自己宝贵的消化液浪费在无法消化掉的杂物上呢！

哈哈，捕蝇草是不是比大家想象中的还要神奇与聪明呢？想要看它是怎么"消灭"昆虫的，就赶紧自己种植一株吧！

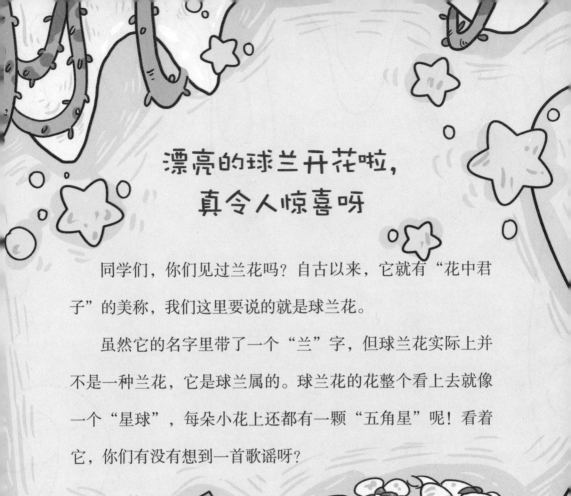

漂亮的球兰开花啦，
真令人惊喜呀

同学们，你们见过兰花吗？自古以来，它就有"花中君子"的美称，我们这里要说的就是球兰花。

虽然它的名字里带了一个"兰"字，但球兰花实际上并不是一种兰花，它是球兰属的。球兰花的花整个看上去就像一个"星球"，每朵小花上还都有一颗"五角星"呢！看着它，你们有没有想到一首歌谣呀？

球兰花还有很多别的名字，如蜡兰、樱兰、石南藤等，在国内主要生长在南方。这种花的花色比较丰富，茎叶四季常青，攀附能力非常强，简直就是一个专业的攀爬运动员，爬山虎都没有它们厉害呢！另外，它们可以长到7米长，远远看上去就像一条绳子。球兰花的花序呈圆球形，它的名字正是由此而来。

　　球兰花极具观赏性，既能赏花又能观叶，可塑性特别强。无论是寻常人家的院子里，还是精品店的大厅里，我们都能找到它的影子。其实球兰的养护很不省力，让我们一起来学习下怎么栽植这种美丽的花儿吧。

同学们从花市买回球兰花的种子种下后，在它的生长期中，一定要记得每周为它喷施一种叫作"磷酸二氧钾"的物质。喷它的目的是因为它有利于球兰开花。球兰喜欢疏松肥沃的土壤，由于它的根系不是很发达，所以宁愿干一些也不能过湿哦，一般情况下偏干燥比较好。除此之外，2~3年为它换1次

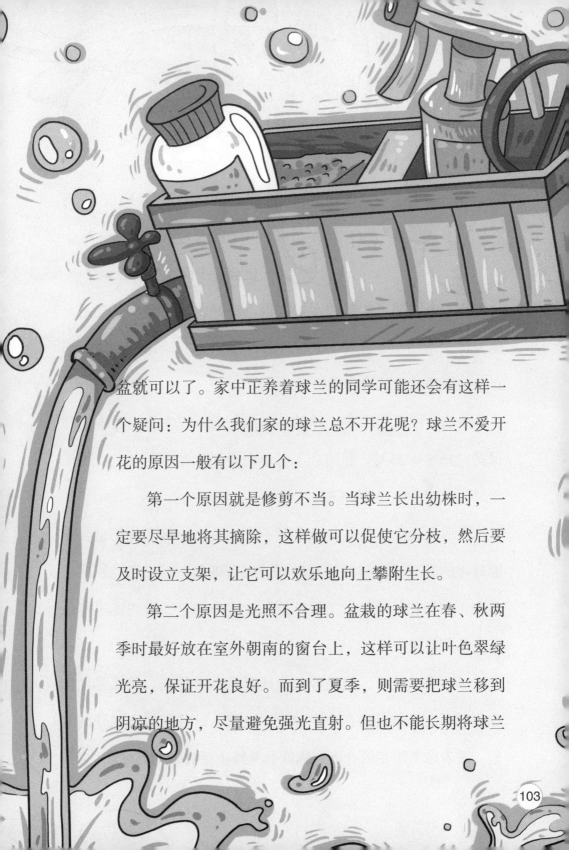

盆就可以了。家中正养着球兰的同学可能还会有这样一个疑问：为什么我们家的球兰总不开花呢？球兰不爱开花的原因一般有以下几个：

第一个原因就是修剪不当。当球兰长出幼株时，一定要尽早地将其摘除，这样做可以促使它分枝，然后要及时设立支架，让它可以欢乐地向上攀附生长。

第二个原因是光照不合理。盆栽的球兰在春、秋两季时最好放在室外朝南的窗台上，这样可以让叶色翠绿光亮，保证开花良好。而到了夏季，则需要把球兰移到阴凉的地方，尽量避免强光直射。但也不能长期将球兰

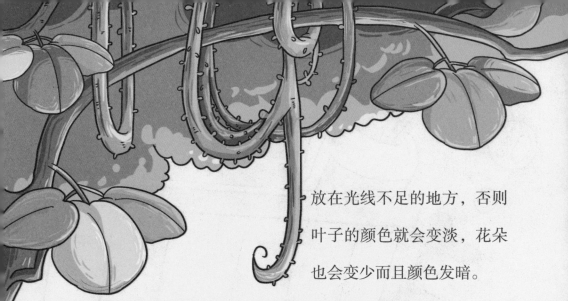

放在光线不足的地方，否则叶子的颜色就会变淡，花朵也会变少而且颜色发暗。

第三个原因是肥料和水把握得不够好。夏季浇水要充足，还要注意增加空气湿度。到了生长旺季，还应该每月为球兰施1~2次氮磷结合的稀薄饼肥水。

第四个原因是温度。球兰不耐寒，所以它生长的温度最好保持在15℃~25℃，即使到了冬季也要保持在10℃以上，若低于5℃，球兰就容易冻坏哦！

最后还要注意的是，换盆时不小心造成的落蕾落花也会影响球兰的开花哦！养球兰花最好选用高脚盆，对于已经长出花蕾和正在开花的球兰，千万不要随意移换花盆，否则就很容易引起落蕾落花。

球兰虽然美丽，但是养起来还真是不容易呢。如果你还没养过球兰，那就赶快在家中养上一盆吧。这样，每当花开的时候，看着球兰漂亮的身姿，你就会觉得生活真是太美好啦！

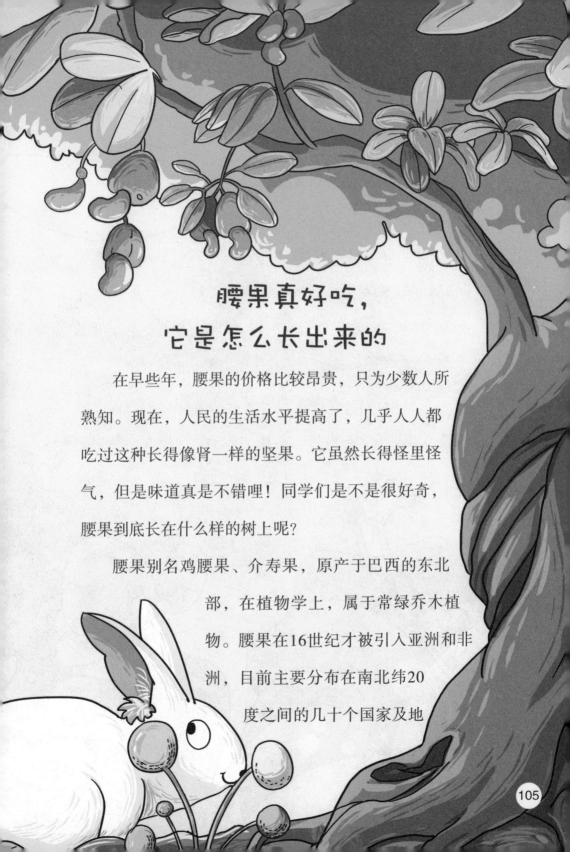

腰果真好吃，
它是怎么长出来的

在早些年，腰果的价格比较昂贵，只为少数人所熟知。现在，人民的生活水平提高了，几乎人人都吃过这种长得像肾一样的坚果。它虽然长得怪里怪气，但是味道真是不错哩！同学们是不是很好奇，腰果到底长在什么样的树上呢？

腰果别名鸡腰果、介寿果，原产于巴西的东北部，在植物学上，属于常绿乔木植物。腰果在16世纪才被引入亚洲和非洲，目前主要分布在南北纬20度之间的几十个国家及地

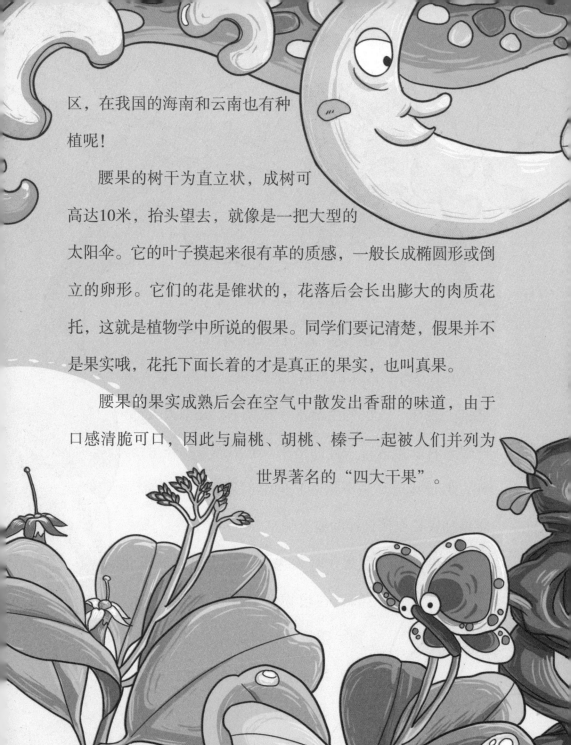

区，在我国的海南和云南也有种

植呢！

腰果的树干为直立状，成树可

高达10米，抬头望去，就像是一把大型的

太阳伞。它的叶子摸起来很有革的质感，一般长成椭圆形或倒

立的卵形。它们的花是锥状的，花落后会长出膨大的肉质花

托，这就是植物学中所说的假果。同学们要记清楚，假果并不

是果实哦，花托下面长着的才是真正的果实，也叫真果。

腰果的果实成熟后会在空气中散发出香甜的味道，由于

口感清脆可口，因此与扁桃、胡桃、榛子一起被人们并列为

世界著名的"四大干果"。

同学们，腰果的食用价值很高，它常常被制成高级的菜肴呢！腰果的果实中含有丰富的蛋白质和各种维生素。在国际上，一吨腰果仁可是价值不菲呢！另外，腰果还能用来制油。用腰果油漆出来的家具能够耐高温，在家具市场也非常受欢迎呢！据报道，经过科学的处理，腰果油现在还被用作美国航天飞机的机身保护层涂料呢！

同学们，腰果是不是很神奇呀？不过，这些还不是腰果最有价值的地方哦，它最大的功能是它的药用价值。在医学临床上，腰果多被用于糖尿病人的清血，就连腰果的假果也是有药用价值的。它的果肉脆嫩多汁，里面含有多种维生素以及钙、磷、铁等矿物元素，经常食用可以利水、除湿、消肿，对防治肠胃病、慢性痢疾等疾病都有很好的效果。

说到这儿还要提醒大家一下，虽然腰果香甜可口，还有不小的食疗作用，很多人都非常爱吃，可是有过敏体质的人是不能吃腰果的，否则会引起过敏反应。严重者可能只吃一两粒就会造成过敏性休克的可怕后果呢！

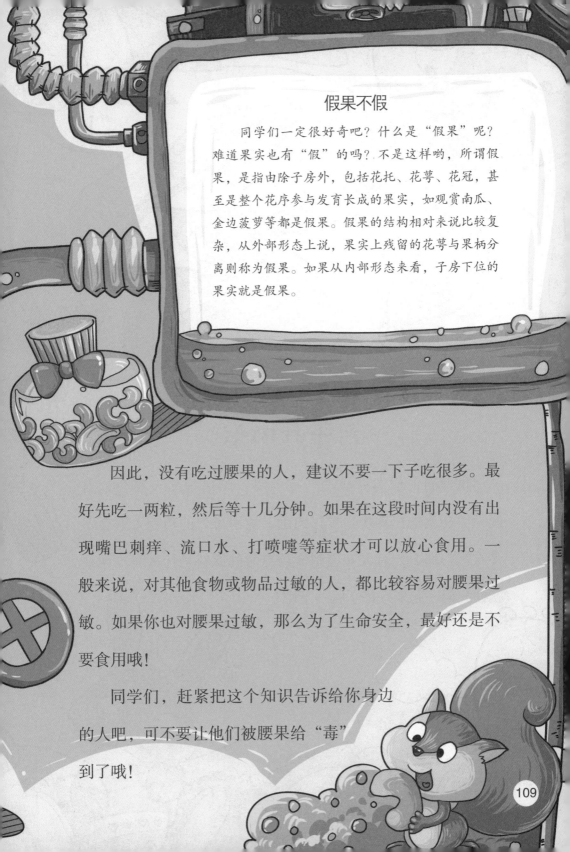

假果不假

同学们一定很好奇吧？什么是"假果"呢？难道果实也有"假"的吗？不是这样哟，所谓假果，是指由除子房外，包括花托、花萼、花冠，甚至是整个花序参与发育长成的果实，如观赏南瓜、金边菠萝等都是假果。假果的结构相对来说比较复杂，从外部形态上说，果实上残留的花萼与果柄分离则称为假果。如果从内部形态来看，子房下位的果实就是假果。

因此，没有吃过腰果的人，建议不要一下子吃很多。最好先吃一两粒，然后等十几分钟。如果在这段时间内没有出现嘴巴刺痒、流口水、打喷嚏等症状才可以放心食用。一般来说，对其他食物或物品过敏的人，都比较容易对腰果过敏。如果你也对腰果过敏，那么为了生命安全，最好还是不要食用哦！

同学们，赶紧把这个知识告诉给你身边的人吧，可不要让他们被腰果给"毒"到了哦！

我爱吃的巧克力，
产于此树哦

同学们，你们喜欢吃巧克力吗？相信很多人都会抢着说："喜欢吃！喜欢吃！"的确，甜滑可口的巧克力谁会不喜欢呢？那么，有人知道制作巧克力的原料是什么吗？现在就让我们一起来好好了解一下吧！

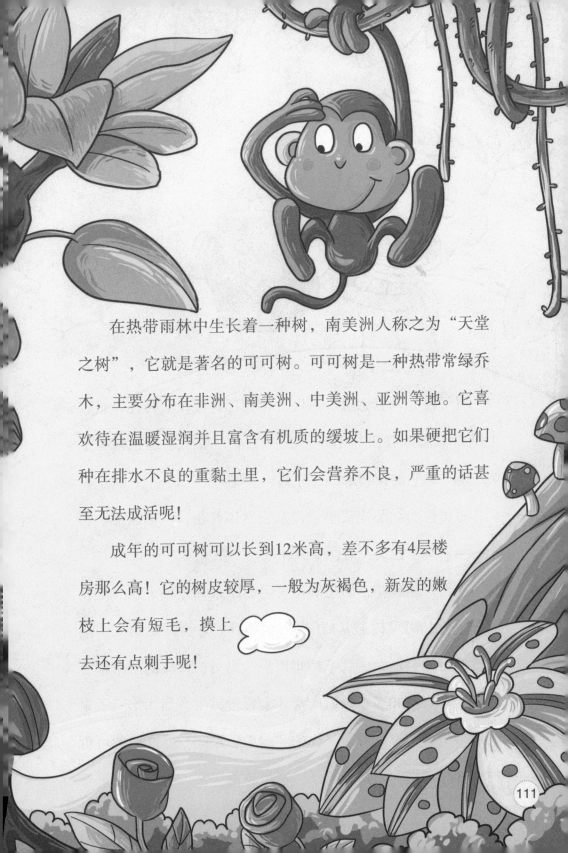

在热带雨林中生长着一种树，南美洲人称之为"天堂之树"，它就是著名的可可树。可可树是一种热带常绿乔木，主要分布在非洲、南美洲、中美洲、亚洲等地。它喜欢待在温暖湿润并且富含有机质的缓坡上。如果硬把它们种在排水不良的重黏土里，它们会营养不良，严重的话甚至无法成活呢！

成年的可可树可以长到12米高，差不多有4层楼房那么高！它的树皮较厚，一般为灰褐色，新发的嫩枝上会有短毛，摸上去还有点刺手呢！

　　可可树非常有意思，一般的植物都是枝杈上开花，枝杈上结果，而可可树却是花开在树干上，果子也结在树干上呢！那么，它的花和果都长什么样子呢？

　　可可树的花朵比较小，但是它常年开花，从不偷懒。树上一年四季都挂满花朵，十分壮观。

　　虽然常年开花，但是等待可可树结果却是一个相当漫长的过程哦！可可树通常要等种植4年以后才会开始结果，渐渐地产量才会加大。到了10年以后，可可树每年的产量都会大增，一直到40多年以后产量才会慢慢减少。那些结满了果实的可可树，很有可能是你的"叔叔"辈呢！盛产期的可可树单株就能结60～70个果子。可可树的果实大得简直出乎意

料，单个可可果就会重达1千克左右。可可树的果实一般为椭圆形，表面上有10条脊，看上去十分醒目，就像一个橄榄球一样。

可可树在许多国家都被称为"神粮树"，这又是为什么呢？

据说，可可树最早是在南美洲的亚马孙河上游被发现的。最初，可可果的种子——可可豆十分珍贵，甚至一度被人们当作钱币使用。后来，可可豆

流传到墨西哥，当地的印第安人无意中发现，将可可豆烘烤后碾碎，再加入胡椒粉、香料、玉米粉和水，居然可以制成一种非常好喝的饮料。这种名为"巧克脱里"的饮料饮用后还会使人精神振奋。

到了1526年，西班牙的一个名叫柯特兹的探险家将一些可可豆带回西班牙献给了国王。国王非常喜欢，所以包括西班牙乃至欧洲的许多国家也很快开始种起了可可树。欧洲人将可可豆制成饮料以及可以刺激中枢神经的食品。到了16世纪左右，西班牙人将可可粉及香料拌和在甘蔗汁中，将这种饮料变得香甜。到了1876年，一个名叫彼得的瑞士人异想天开地在这种甜饮料内又加入了牛奶。到了这个阶段，巧克力才算真正的诞生了。

因为可可豆里含有一种可可黄油，所以常温下的巧克力是固体的，而一含到口中它就开始融化，这是因为它的融点跟我们口腔的温度十分接近。所以同学们夏天时千万不要把巧克力放进口袋里哦！不然它会融化，还会黏住你的衣服呢！

最后还有一个好消息要告诉大家，巧克力可以降低血液中的胆固醇，所以，巧克力吃得适量是不会导致肥胖和高血脂的，当然了，过量食用肯定是要变胖的。

像蝴蝶飞舞的热带兰花

蝴蝶兰，顾名思义，就是一种长得很像蝴蝶的兰花。在介绍蝴蝶兰之前，我们先来说一说关于它的一个美丽传说吧！

很久以前，在一座秀绝天下的大山里，有一个清幽的山谷，山谷空空的，唯有一池幽幽的碧水。一天，一只蝴蝶路过这里，它在不知不觉中被这座大山牵引着，来到了

这个幽静的空谷。蝴蝶瞬间就被大山亘古的魅力，还有那与世隔绝的幽静所感染了，它深深地陶醉了！

于是，在一个星光灿烂的夜晚，蝴蝶许下了它一生中唯一的心愿：希望在金风乍起、白露初临之际，在蝶化为尘的时候，将自己变成生命的种子，撒遍整个空谷。

待到第二年，空谷中真的萌发了一谷紫色的幽兰，它就是蝴蝶兰！清风微拂，蝴蝶翩翩，池中碧波曼舞，兰香阵阵，空谷从此再也不空了！这就是蝴蝶兰的传说。

从这个传说中，同学们是不是也看出了人们对蝴蝶兰的喜爱呢？没错，蝴蝶兰就像一个美丽的"公主"，为人们带来了许多清香与美丽。

蝴蝶兰的名字取自希腊文，原意为"好似蝴蝶一般的兰花"。它靠吸收空气中的养分生存，在植物学上，属于气生兰的范畴。蝴蝶兰可是热带兰花中的一个大族呢！它的植株非常奇特，既没有匍匐茎，也没有假球茎。

每棵蝴蝶兰只长出几片肥厚的阔叶，交叠在一起。它那白色的、粗大的气根则围绕在叶片周围，有的还攀附在花盆的外壁，极富天然的魅力，更给人以万花丛中一点"白"的美感。

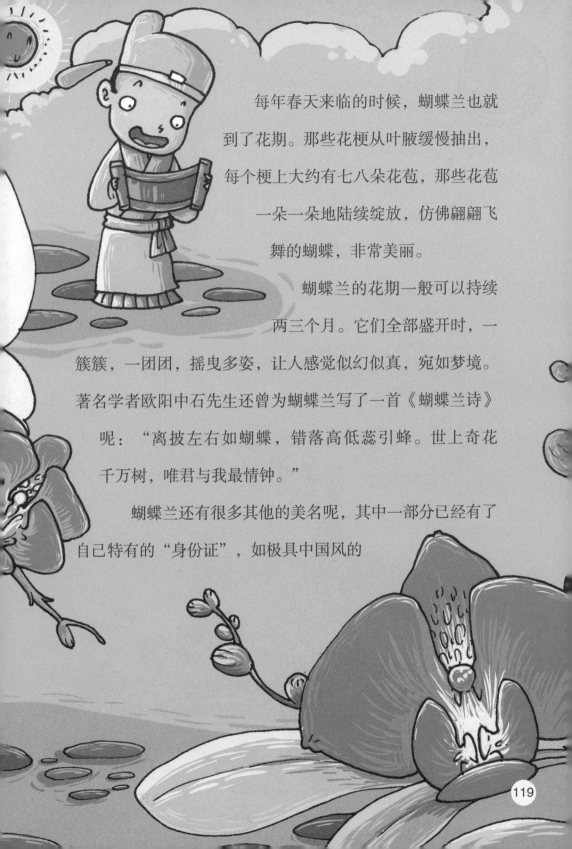

每年春天来临的时候，蝴蝶兰也就到了花期。那些花梗从叶腋缓慢抽出，每个梗上大约有七八朵花苞，那些花苞一朵一朵地陆续绽放，仿佛翩翩飞舞的蝴蝶，非常美丽。

蝴蝶兰的花期一般可以持续两三个月。它们全部盛开时，一簇簇，一团团，摇曳多姿，让人感觉似幻似真，宛如梦境。著名学者欧阳中石先生还曾为蝴蝶兰写了一首《蝴蝶兰诗》呢："离披左右如蝴蝶，错落高低蕊引蜂。世上奇花千万树，唯君与我最情钟。"

蝴蝶兰还有很多其他的美名呢，其中一部分已经有了自己特有的"身份证"，如极具中国风的

"红龙"、出自古典文学《梁山伯与祝英台》的"蝶恋花"等。现代人还称它为"红粉佳人""丽人美""并蒂双飞"等，这些美丽的名字仿佛也为蝴蝶兰注入了新的意象。

在人们生活质量不断提高的今天，蝴蝶兰越来越受到大家的喜爱。在重大的会面场所、在女性温馨的屋子里、在婚礼幸福的礼堂上……到处都可以见到蝴蝶兰的倩影。

蝴蝶兰不光给人们的生活带来美丽，更能为人们带来精神的熏陶。同学们，你是否也感觉到了蝴蝶兰高傲、圣洁的品质呢？

龙血树是龙血浇灌出的树吗

在中国人的传统观念里，龙是一种瑞兽，是吉祥的象征。中国人也都习惯自称是"龙的传人"。这个世界上是不是真的有龙，我们不去探究，但是，同学们听说过有一种叫作"龙血树"的植物吗？你们知道龙血树是一种什么树吗？

　　不了解它的同学，是不是认为它和龙之间存在着什么关系呢？它会不会是龙血浇灌出来的树呢？下面，我们就一起来认识一下这种树吧！

　　龙血树原产于非洲西部的加那利群岛，虽然它的树高只有10米左右，但是它的树干异常粗壮，直径可达1米粗呢！

　　龙血树的树枝上长有白色的长带状叶片，就像一把把锋利的长剑，密密麻麻地倒插在树枝的顶端。龙血树的生长速度非常缓慢，一棵树的长成往往要花上好几百年的时间呢！而且，它每隔几十年才会开一次花，所以是极其珍贵稀有的哦！

　　我们都知道，一般情况下，树木在受伤后，都会流出一股无色透明的树液，还有些树木会流出白色的

树液。但是，你一定想象不到吧？龙血树在受伤之后流出的液体可是红色的呢！这里还有一个小小的传说。据说，龙血树里流淌出来的血色液体正是龙血，它是在巨龙和大象交战时巨龙洒在大地上的血浇灌而成的，所以人们才称它为"龙血树"。

　　嘻嘻，这只是个传说，同学们不要当真哟！事实上，这种血色的液体只是一种颜色暗红的树脂。大家可千万不要小看了这种液体，它可是一种非常名贵的中药呢，它就是人们口中常说的"血竭"或"麒麟竭"。龙血树树液的价值并非是这几年才被发现的，事实上，早在古代，我国人民就已经

年龄最大的植物

1868年，德国著名的地理学家洪堡德在非洲俄尔他岛考察时，意外发现了一棵有着8000年树龄的植物"老寿星"。遗憾的是，这棵树木前不久被一场大风暴给折断了。人们也正是通过它树干断裂处的年轮才得知了它的准确年龄。这棵迄今为止人们发现的年龄最大的植物，正是一棵龙血树，它大约有18米高，主干直径长约5米呢！

懂得使用它了。在《本草纲目》中，李时珍称它为"活血圣药"。它有活血化瘀、消肿止痛、收敛止血的功效，既可以内服，也可以外用，更是治疗跌打损伤的特效药。

另外，龙血树的树脂还是一种非常好的防腐剂，古人还常常利用它来保存尸体呢！